Vorwort

Jan Tschichold an der Akademie für graphische Künste und Buchgewerbe in Leipzig, 1920 (Aufnahme Havemeister)

Es ist nicht verwunderlich, daß sich in den letzten Jahren verschiedene Autoren um »den Schatz von 1925« bemühten. Die Zeit war einfach reif. Gleichzeitig ist es doch ein Phänomen, wenn jetzt gute 60 Jahre später eine Bezugslinie zu den Personen gesucht wird, deren Atem man in den neuen Arbeiten der achtziger Jahre vermutet. Dabei wurde dieses Sonderheft »elementare typografie« von den damaligen Auguren der Branche nicht mit emphatischem Hurrageschrei begrüßt, man ging auf kritische Distanz. So schreibt der schon damals bekannte Kritiker, Dr. K. F. Bauer (der spätere künstlerische Leiter der Bauerschen Gießerei) in der Nummer 81 von »Klimschs Allgemeinem Anzeiger für Druckereien«:
»Doch soll gar nicht bestritten werden, daß man auch mit den beschränkten Mitteln der ›elementaren‹ Typographie durchaus befriedigende Arbeit leisten kann. Die Bauhausdrucksachen von L. Moholy-Nagy z. B. sind ohne Frage gut und in ihrer Anspruchslosigkeit sympathisch.«
Das abschließende Urteil von Dr. K. F. Bauer läßt in seiner Formulierung dennoch ahnen, daß auch er schon die Ernsthaftigkeit einer »Bewegung« erkannt hatte, indem er schrieb: *»Und gewiß haben wir hier ernste Regungen eines neuen Stiles vor uns, der in letzter Sachlichkeit und Zweckmäßigkeit sein Formideal sieht. Es ist der Stil, der im Geiste unserer Technik beherrschten Zeit wurzelt und der vor allem in der Architektur schon eindrucksvolle Vertreter gefunden hat.«*

Derselbe Autor warnt aber auch »vor einer kurzen Mode« – damit sollte er für die nachfolgenden Jahrzehnte zumindest Recht behalten: *»Denn mit der diktatorischen Festlegung auf Groteskschrift und fette Linien hat sie (die elementare Typographie) nicht nur ihren Ausdrucksmiteln, sondern auch ihrer Lebensdauer eine feste Grenze gesetzt. Es wird eine kurze Mode werden, deren man bald überdrüssig sein wird. Dafür sorgen schon die Mitläufer, die proletenhafte Geistlosigkeit und Sachlichkeit verwechseln.«*
Ich danke dem Type Directors Club of New York für die Bereitstellung der Mittel, diesen Sonderdruck zu finanzieren. Ich danke dem rührigen und engagierten Verleger, Hermann Schmidt. Ich danke meinem Kollegen Friedrich Friedl für die Einführung, die nur er so brillant verfassen konnte.

Prof. Olaf Leu
German Liaison Chairman
des Type Directors Club of New York

Lernen von Jan Tschichold

Zum Verständnis des Werks von Jan Tschichold kann die Kenntnis der einzelnen stark unterschiedlichen Perioden seines Lebens und Arbeitens beitragen, und diese Kenntnis wird sicher auch viele der Fehlinterpretationen und Mißverständnisse ausräumen, die der objektiven Rezeption seiner Arbeit und deren Wirkung im Wege stehen.
Ob man seine ästhetischen Entscheidungen teilt oder nicht: sein Wirken, in dem sich die typografische Erfahrung des 20. Jahrhunderts spiegelt, ist umfassend und verehrungsgebietend.
Die Jugendzeit Tschicholds, der 1902 in Leipzig geboren wurde, war erfüllt von intensivem Lernen, von Fleiß und Disziplin. Alle, die ihn kannten, berichten von seiner fachlichen Qualität und natürlichen Autorität. Seit seinen frühen Jahren stand er durch den Einfluß seines Vaters, der Schriftenmaler war, und das gesamte kulturelle Klima der Stadt Leipzig mit Schrift und Typografie in enger Beziehung.
Mit zwölf Jahren erlebte er die Weltausstellung für Buchgewerbe und Grafik (Bugra) in Leipzig, die er oft besuchte, um seine Kenntnisse über die Schriftkultur der Völker zu vertiefen. In seiner Freizeit übte er mit den grundlegenden Lehrbüchern jener Jahre, mit Rudolf von Larischs »Unterricht in ornamentaler Schrift« und Edward Johnstons »Schreibschrift, Zierschrift und angewandte Schrift«.
Nach dem dreijährigen Besuch des Lehrerseminars in Grimma bei Leipzig, den er als Voraussetzung für das zuerst angestrebte Ziel eines Zeichenlehrers brauchte, begann er mit erst 17 Jahren ein Studium an der Akademie für grafische Künste und Buchgewerbe in Leipzig. In der Schrift-Klasse von Hermann Delitsch hattte er aufgrund seiner großen Vorkenntnisse bald wenig zu tun, was er nutzte, um in der Bibliothek des Börsenvereins der deutschen Buchhändler die große Sammlung der Einzelblätter, Schriftproben und Schreibmeisterbücher aus vergangener Zeit zu genießen.
Ein Jahr studierte Tschichold an der Kunstgewerbeschule in Dresden, kehrte danach aber wieder zu Delitsch zurück, um bei ihm zu arbeiten. Gleichzeitig wurde er Meisterschüler bei Walter Tiemann, dem Direktor der Akademie.
Da Delitsch meinte, er könne Tschichold nichts mehr beibringen, machte er den Neunzehnjährigen zu seinem Assistenten und ließ ihn den Abendunterricht in Schriftschreiben erteilen. Gleichzeitig bekam Tschichold die ersten kommerziellen Aufträge. Für die Messe in Leipzig entwarf und schrieb er Hunderte von Anzeigen in kalligrafischer Schrift. Nachdem er sich 1923 selbständig gemacht hatte, wurde er typografischer Berater der Leipziger Druckerei Fischer & Wittig.
Diese ganze Entwicklung Tschicholds fand zu einer Zeit statt, als Deutschland und Europa vom Ersten Weltkrieg (1914 bis 1918) und den nachfolgenden revolutionären Entwicklungen erschüttert wurden. Die Nachkriegszeit war stürmisch, überall regte sich der Mut zu Neuem. Schulen wurden gegründet, deren Streben es war, sich von alten Vorbildern zu lösen und nie wieder den metaphysischen Plunder der Vergangenheit zur Zerstörung von Gegenwart und Zukunft mächtig werden zu lassen.
Vor diesem Hintergrund wirken die ersten Studien- und Berufsjahre Tschicholds, die der Aneignung des Akzep-

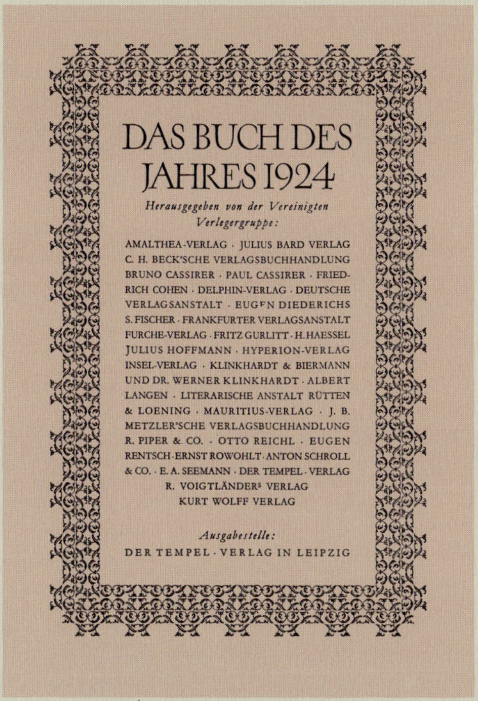

DAS BUCH DES JAHRES 1924

Herausgegeben von der Vereinigten Verlegergruppe:

AMALTHEA-VERLAG · JULIUS BARD VERLAG C. H. BECK'SCHE VERLAGSBUCHHANDLUNG BRUNO CASSIRER · PAUL CASSIRER · FRIEDRICH COHEN · DELPHIN-VERLAG · DEUTSCHE VERLAGSANSTALT · EUGEN DIEDERICHS S. FISCHER · FRANKFURTER VERLAGSANSTALT FURCHE-VERLAG · FRITZ GURLITT · H. HAESSEL JULIUS HOFFMANN · HYPERION-VERLAG INSEL-VERLAG · KLINKHARDT & BIERMANN UND DR. WERNER KLINKHARDT · ALBERT LANGEN · LITERARISCHE ANSTALT RÜTTEN & LOENING · MAURITIUS-VERLAG · J. B. METZLER'SCHE VERLAGSBUCHHANDLUNG R. PIPER & CO. · OTTO REICHL · EUGEN RENTSCH · ERNST ROWOHLT · ANTON SCHROLL & CO. · E. A. SEEMANN · DER TEMPEL · VERLAG R. VOIGTLÄNDER's VERLAG KURT WOLFF VERLAG

Ausgabestelle:

DER TEMPEL · VERLAG IN LEIPZIG

Schutzumschlag, 1924 (15 × 21,5 cm)

tierten und Historischen dienten, normal und akademisch. Aber auch er, ohne daß es sich sofort in seinem gestalterischen Werk ausdrückte, spürte diesen verändernden Geist um sich und suchte ihn.
Das entscheidende Erlebnis dieser Zeit war für ihn der Besuch der ersten Ausstellung von Arbeitsergebnissen des Bauhauses in Weimar. Obwohl es zunächst ein Schock war, erkannte er sofort die Qualität dieses fundamental Neuen, und er warf sich mit seinem ganzen Fachverstand in diesen Stil. All das seit seinem zwölften Lebensjahr angehäufte Wissen über Schriftkunst und Typografie ließ er hinter sich und widmete sich der revolutionären Ästhetik: weg von Handschrift und Symmetrie, hin zu den Möglichkeiten der asymmetrischen Anordnung von serifenlosen Schriften auf der Fläche. Schon am Ende seiner Studienzeit 1922/23 lernte er Laszlo Moholy-Nagy kennen und blieb mit ihm freundschaftlich verbunden. Durch ihn kam er in Kontakt mit den Bauhaus-Lehrern und den russischen Künstlern. Ab 1923/24 nannte er sich aus Begeisterung für die russische revolutionäre Entwicklung »Iwan« und korrespondierte mit vielen avantgardistischen Künstlern über Probleme der Kunst und Typografie.
Am intensivsten war sein Kontakt zu El Lissitzky, dessen freie und angewandte Kunst Tschichold sehr schätzte und mit dem er sich in deutscher Sprache verständigen konnte.
Die Hinwendung zur neuen Ästhetik gipfelte im Oktober 1925 in der Herausgabe des Sonderheftes der Zeitschrift »Typographische Mitteilungen« unter dem Titel »Elementare Typographie«. Mit diesem Werk wurde Tschichold zur führenden Persönlichkeit in Theorie und Praxis der Avantgarde-Typografie der zwanziger Jahre. Es ist sein Verdienst, daß die Typografie des Bauhauses, der polnischen und der sowjetischen Künstler und anderer Progressiven aus der Isolation herauskam, in einer Fachzeitschrift der Arbeiterklasse verständlich erklärt und die Möglichkeiten und Notwendigkeiten für das Handwerk ohne Esoterik dargestellt wurden.
Den experimentierenden Künstlern wie Lissitzky oder Moholy-Nagy hatte Tschichold die grundlegenden Fähigkeiten des Setzens und der Kalligrafie voraus, er war deshalb gegen Übertreibungen geschützt und für die Auswahl der typografischen Elemente seiner Arbeiten feiner geschult.
Das Bekenntnis zu dem neuen Stil war keine Jugendsünde Tschicholds, sondern gründete auf solidem fachlichen Wissen. Und Tschichold war die Person, in deren Wirken sich die verstreuten Bestrebungen wie durch ein Brennglas als kraftvolle, internationale Bewegung manifestierten. Die neue Typografie entstand durch ein Aufbegehren gegen die herrschende Ästhetik, gegen die erstarrte Gestaltung der Vorkriegszeit. Die funktionale Gestaltung und elementare Typografie richteten sich aber auch gegen die dadaistische und expressionistische Form nach der typografischen Befreiung und Entrümpelung, die Jahre vorher die italienischen Futuristen durchgeführt hatten. Marinetti hatte sich in seinen Manifestationen um 1910 zum Ziel gesetzt, Texte nicht mehr nur lesbar zu machen, sondern schon durch die Gestaltung einen umfassenden Ausdruck des Inhalts zu vermitteln.

Die Dadaisten wie Hausmann und Schwitters wollten phonetische Textbezüge ausdrücken und schufen die Lautgedichte.
Trotzdem diese Theorien und die Ergebnisse Meilensteine in der Entwicklung der Typografie sind, waren sie für die normale Tagesarbeit nicht geeignet. Die elementare Typografie bedeutete einen modernen, praktizierbaren Stil für den Alltag und trotzdem auch eine radikale Lösung von alter Rüschenromantik. Es ging um Klarheit und Einfachheit.
Mit der Herausgabe des Heftes »Elementare Typographie« war für Tschichold die Phase des Suchens und Experimentierens beendet, und es begann eine Zeit der beruflichen Entwicklung und der breiten Anerkennung.
Er ließ sich in Berlin nieder, heiratete und wurde im selben Jahr von Paul Renner als Dozent an die Meisterschule für Deutschlands Buchdrucker nach München berufen. Hier unterrichtete er Berufsschüler in Kalligrafie und Typografie.
Renner gehörte zu den kreativen Gestaltern dieser Jahre, die mit ihrer Arbeit die Zeitströmung am besten umzusetzen wußten. Damals entwikkelte er auf Anregung des Architekten Ferdinand Kramer die Schrift »Futura«, die als erste neugeschaffene Schrift den Grundsätzen der neuen Typografie entsprach. Renner sah in Tschichold einen gleichgesinnten Mitstreiter.
Obwohl das gesamtgesellschaftliche Klima hier konservativer als in Leipzig oder Berlin war – Tschichold ließ sich auf Druck der bayerischen Behörden von Iwan zu Jan umbenennen –, empfand er die Tätigkeit an der Meisterschule in München interessant. Hier entstanden die Plakate für das Kino Phoebus-Palast, die Umschläge und Gestaltungskonzepte für die Büchergilde Gutenberg. Er machte Vortragsreisen durch ganz Deutschland und arbeitete an seinem ersten Buch »Die neue Typographie«, das 1928 im Verlag des Bildungsverbandes der deutschen Buchdrucker in Berlin erschien und den Ruf Tschicholds als Wortführer der neuen Richtung ausbaute.
Im Gegensatz zu dem Heft »Elementare Typographie«, das eine Bestandsaufnahme der verschiedenen Richtungen war, ist es Tschichold mit diesem Buch gelungen, ein allgemeingültiges Unterrichtswerk der neuen Ästhetik zu schaffen, das den Entwerfern, Setzern und Druckern bei ihrer Arbeit behilflich sein und den vielen unbeholfenen und schlechten Anwendungen des Bauhausstils entgegenwirken konnte.
Nachdem Tschichold 1930 in einem Beitrag zur Frage der Ökonomie der Schrift unter dem Titel »Noch eine neue Schrift« für Kleinschreibung und veränderte Rechtschreibung eintrat, nahm er 1932 mit dem Aufsatz »Wo stehen wir heute?« umfassend Stellung zur Entwicklung der Typografie nach 1925. Er meinte, daß an einigen zu radikalen Forderungen jener Jahre Revisionen zugunsten der handwerklichen Wirklichkeit nötig wären, daß die ausschließliche Anwendung der Grotesk-Schriften zu tödlicher Langeweile führe und daß serifenlose Schriften allein noch keine gute Gestaltung ergäben.
Er war ganz sicher, daß seine Gedanken das Ornament zum Verschwinden gebracht hatten. Dadurch wurde das feinere Abwägen der Schriftgrade und

Filmplakat aus der Reihe für den Phoebus Palast, München, 1927 (86 × 123 cm)

Plakat für den Verlag Philobiblon, 1924 (35 × 35 cm)

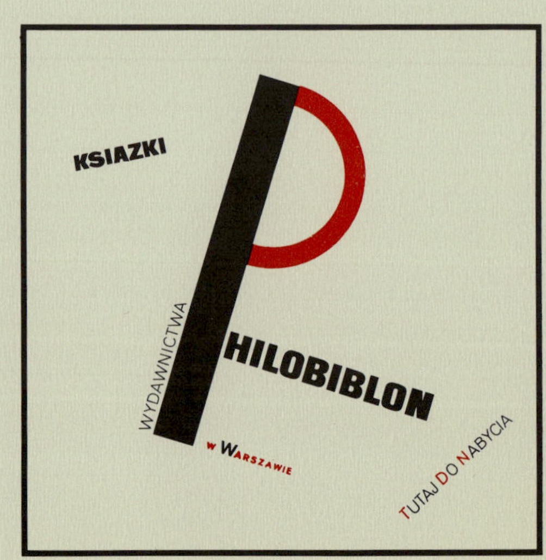

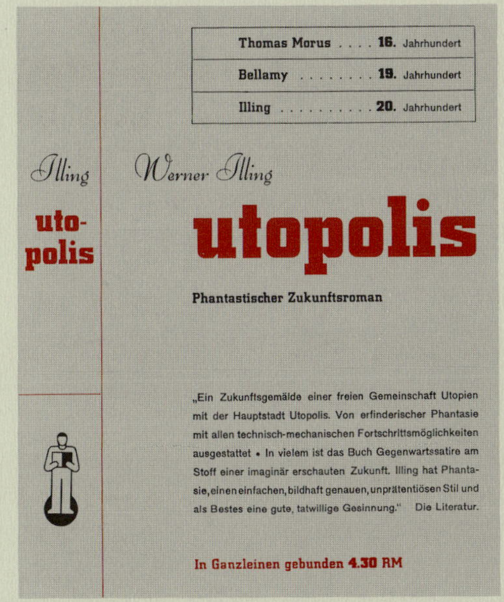

Schutzumschlag, 1931 (12,3 × 19,2 cm)

der Flächenverhältnisse zueinander als wichtigstes Gestaltungsproblem erkannt. Die Aufgabe für die weitere Zukunft sei, alle typografischen Arbeiten im Sinne der neuen Ästhetik zu gestalten.

Dies waren die Erkenntnisse des Praktikers Tschichold, die den Gegensatz zu den nicht handwerklich motivierten Avantgarde-Künstlern erkennen lassen, da diesen oft nicht der Inhalt, sondern die Form, oft die Vision und nicht die Ausführung genügte.

Die Revision von Tschicholds Denken hatte sich schon in der Entwurfsarbeit gezeigt. Hatte er jahrelang fast ausschließlich Groteskschriften verwendet, sieht man jetzt serifenbetonte Schriften, Schreibschriften und Antiquaschriften mit Kursiven. Auch seine zwischen 1930 und 1933 entwikkelten Schriften Zeus, Saskia und Transito verlassen die alten Ideale.

Während der Jahre in München hatte sich die politische Situation im deutschen Reich stark verändert. So wie das Bauhaus immer wieder um seinen Fortbestand bangen mußte und 1933 endgültig geschlossen wurde, mußten auch Einzelpersonen um ihr Wohl fürchten. Durch sein starkes Engagement für eine als bolschewistisch verstandene Typografie hatte sich Tschichold auf konservativer Seite viele Feinde gemacht. 1933 kam er ohne Grund ins Gefängnis, erfuhr hier von seiner Entlassung aus dem Lehramt und mußte als »entarteter Künstler« nach seiner Freilassung sofort emigrieren, um sich in Sicherheit zu bringen.

Mit der faschistischen Machtergreifung in Deutschland ging eine lange kreative Epoche zu Ende, ohne daß die Erfahrungen dieser Zeit zur endgültigen Reife gekommen wären. Man kann davon ausgehen, daß die politische Veränderung, die sich lange angekündigt hatte, bei Tschichold auch die Abschwächung radikaler ästhetischer Forderungen beeinflußte. Wie sich seine Arbeit mit den revidierten Axiomen in einem freien Deutschland weiterentwickelt hätte, wissen wir nicht. In den USA und in der Schweiz arbeiteten emigrierte fortschrittliche Gestalter an der neuen Typografie weiter: aber ohne Tschichold.

Der Direktor der Basler Gewerbeschule Dr. Hermann Kienzle – er schätzte Tschichold seit der Ausstellung »Neue Typographie« im Januar 1928 im Gewerbemuseum Basel – vermittelte ihm eine Halbtagsstelle in einer dortigen Druckerei und einen Lehrauftrag an der Gewerbeschule. Dadurch konnte sich die Familie in der Schweiz niederlassen. Obwohl die fachliche Anerkennung zu vielen Vortragseinladungen im Ausland führte, war Tschicholds wirtschaftliche Situation in der Schweiz in den Anfangsjahren sehr schlecht. Es gab kaum interessante Gestaltungsaufträge. 1935 erschien sein Buch »Typographische Gestaltung«, 1941 »Geschichte der Schrift in Bildern« und 1942 »Schriftkunde, Schreibübungen und Skizzieren«.

An dem völlig anderen Gestaltungsstil der Bücher wie an den Inhalten wurde die Wandlung der Interessen Tschicholds deutlich. Immer wichtiger wurden ihm seine Liebe zu Schriftgeschichte und Buchtypografie. Die asymmetrische Textanordnung wurde ab 1938 von der Mittelachse, die »Neue Typografie« von einer traditionellen Typografie abgelöst.

Diese traditionelle Gestaltung war

keine Übernahme historischer Fehler, es war eine neue Form zwischen Historie und Moderne. Der Wandel bei den Kriterien der Schriftwahl, der Anordnung, in der gesamten Ästhetik hatte Gründe. Vieles, was im Gefolge der »Neuen Typographie« gestaltet wurde, war ihm zu oberflächlich und schlecht. Und was für Tschichold besonders schmerzlich war: auch die Nationalsozialisten verwandten am Anfang Elemente der neuen Typografie, und davon wollte er sich um jeden Preis unterscheiden.
Aber es waren nicht nur gestalterische Erkenntnisse, die den tiefgreifenden Wandel seiner ästhetischen Auffassung verursachten, so wie es nicht nur gestalterische Erkenntnisse waren, die ihn die »Neue Typographie« so vehement vertreten ließen: um 1920 spürte man überall in Deutschland Anzeichen revolutionärer Gesellschaftsveränderung (man denke an »Iwan« Tschichold), seit 1933 erlebte er durch Emigration und existentielle Not Ängste in einer konservativen, neuen Ideen aus dem Ausland überhaupt nicht aufgeschlossenen Schweiz. Die Ausweisung drohte ihm zehn Jahre lang jeden Tag, dauernd mußte er sich neu bewähren.
Erst 1942 konnten Tschichold und seine Familie Basler Bürger werden. Natürlich hatte Tschichold mit seinem neuen Stil großen Einfluß auf die Typografie der Schweiz und anderer Länder. Wieder wurden seine neuen Thesen diskutiert. Aber man darf nicht verkennen, daß in dieser Zeit – neben der Verwendung herkömmlicher Formen – aufbauend auf den Erfahrungen der zwanziger Jahre die moderne Schweizer Typografie entwickelt wurde, die in den vierziger und fünfziger Jahren zu so breiter Anerkennung gelangte. Namen wie Max Bill, Richard P. Lohse oder Anton Stankowski (der 1937 nach Deutschland zurückkehren mußte) wirkten auf dieser Basis.
Max Bill schrieb 1946, sicher als Reaktion auf die Wandlung des Pioniers: »Wir haben uns glücklicherweise vom Renaissanceschema befreit und wollen nicht wieder dorthin zurückkehren, sondern die Befreiung und ihre Möglichkeiten ausnützen. Die Haltlosigkeit des alten Schemas wurde schlüssig erwiesen, viel überzeugender als die Rückkehr dazu, und die Erfahrung lehrt, daß die moderne Typografie um 1930 auf dem richtigen Weg war.« Das einzige, vorher auch unvorstellbare Zugeständnis Max Bills: die Verwendung der Garamond bei seinen nach wie vor asymmetrischen typografischen Entwürfen.
Ein anderer wichtiger Aspekt für Tschicholds Wandel ist um 1935 in der Abkehr von modernen Formen in der visuellen Kommunikation der Schweiz zu sehen: Edelweiß, Trachten und Webstühle wurden wieder als Symbole eingesetzt. Es war, in der Schweiz wie in vielen anderen Ländern, ein Wandel vom Internationalismus zum Provinzialismus zu erleben.
Die große wirtschaftliche Not endete für Tschichold erst 1941, als er für den Basler Verlag Birkhäuser neue Buchreihen entwerfen konnte. An diesen Klassikerausgaben und wissenschaftlichen Werken bewies er meisterhaft seinen neuen Stil. Diesen Werken fehlt jede Improvisation, sie wirken durchdacht und fertig. Souverän sind Schrift, Farbe und Proportionen in Einklang gebracht, man spürt die Summe einer langen, bewußten Erfahrung im Gestalten.

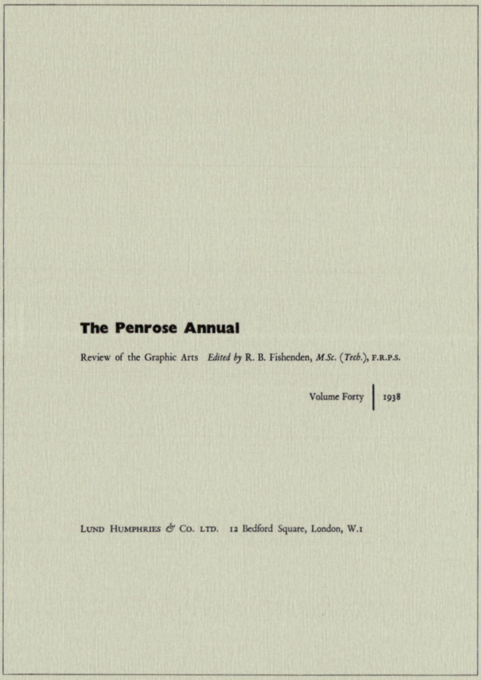
The Penrose Annual

Review of the Graphic Arts *Edited by* R. B. Fishenden, *M.Sc.* (*Tech.*), F.R.P.S.

Volume Forty | 1938

Lund Humphries & Co. Ltd. 12 Bedford Square, London, W.1

Titelseite des Penrose-Jahrbuchs, 1938 (20,2 × 27,6 cm)

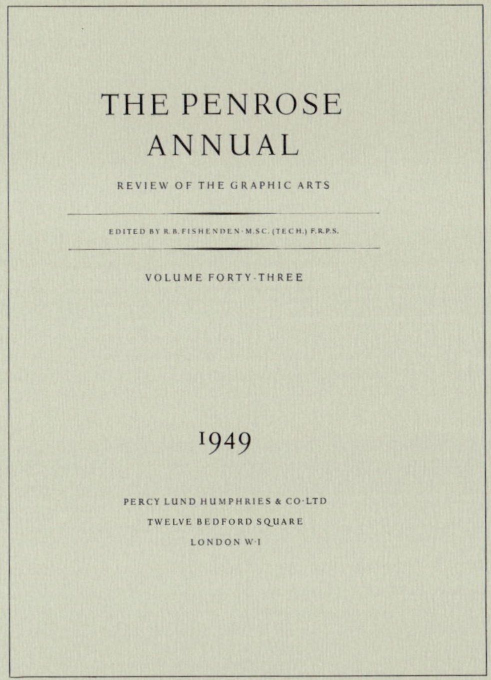

THE PENROSE
ANNUAL

REVIEW OF THE GRAPHIC ARTS

EDITED BY R.B. FISHENDEN·M.SC. (TECH.) F.R.P.S.

VOLUME FORTY·THREE

1949

PERCY LUND HUMPHRIES & CO·LTD
TWELVE BEDFORD SQUARE
LONDON W·1

Titelseite für das gleiche Jahrbuch, 1949
(20,2 × 27,6 cm)

Von 1946 bis 1949 verbesserte Tschichold die Typografie des Verlags Penguin Books in London. Dies war wieder eine Aufgabe von großer Breitenwirkung, denn die Bücher dieses Hauses erschienen in hohen Auflagen.
Er begann die Steigerung des gestalterischen Niveaus mit der Formulierung strenger Satzregeln, die bei jeder neuen Arbeit berücksichtigt wurden.
Nach seiner Rückkehr in die Schweiz war er ab 1951 wieder für den Verlag Birkhäuser tätig. Für den Pharmakonzern Hoffmann-La Roche entwarf er von 1955 bis 1967 viele Drucksachen und repräsentative Kataloge, die, an Ärzte gerichtet, dem gestalterisch interessierten Publikum unbekannt blieben. Im Gegensatz zur normalen Pharmawerbnung hatten sie die Qualität bibliophiler Meisterwerke.
In den Jahren nach 1950 beruhigten sich Tschicholds äußere Lebensumstände. Er schrieb viel, hielt Vorträge und wurde in Europa und Amerika für sein Werk mit ehrenvollen Auszeichnungen bedacht.
Seine Meinungen wurden strikt abgelehnt oder begeistert gefeiert – eigentlich wie immer seit dem Beginn seiner Laufbahn.
Nach wie vor behielt er seine unerschütterliche Einstellung zur Typografie. Zu dem, was er als richtig erkannte, bezog er Stellung, blieb er ein unbeugsamer Kritiker mit einer auf reichen Erfahrungen gründenden, oft angefochtenen Meinung. Die Kämpfe, Mißverständnisse und Anfeindungen waren allerdings nicht leicht an ihm vorübergegangen.
Auch bei seinen neuen Arbeiten war das Streben nach Funktionalität bei der Gestaltung des Textes für ihn der größte Antrieb. Er suchte in der Geschichte nach Objektivität und wollte Vollendung. Die subtilen Fragen des Buchs wie Fußnote, Einzug, Sperrung versuchte Tschichold in einer umfassenden Lehre zu lösen und zu vermitteln.
Die Schriftschnitte, die Tschichold in den dreißiger Jahren zeichnete, konnte er in späteren Jahren nicht mehr akzeptieren. 1964 begann er mit der Arbeit an der »Sabon«, die erstmals in der Geschichte der neuen Techniken für alle Satzsysteme formengleich war. Die »Sabon« beruhte auf Schriftformen des 16. Jahrhunderts, die den jungen Tschichold schon bei seinen Studien um 1920 begeistert hatten. Nach dreijähriger Arbeit erschienen 1967 die ersten Schriftgrade.
Obwohl viele sein Werk ab 1938 total ablehnen und aus der Geschichte andere Schlüsse ziehen als Tschichold, ist sein vorbehaltloser, intensiver Kampf für das von ihm als richtig Erkannte seriöser und wichtiger als lauerndes Warten auf Neues, das man der eigenen Arbeit zuordnen kann: dies wird kein Werk, sondern Machwerk und erklärt die gestalterische Misere der Gegenwart.
Äußerste intellektuelle und gestalterische Disziplin zeichneten ihn in seinen beiden Schaffensperioden aus. Er beeinflußte die Typografie des 20. Jahrhunderts zu verschiedenen Zeiten mit verschiedenen Stilen. Und er war unbestritten der wichtigste Gestalter dieser beiden stark voneinander unterschiedlichen Stile: des frühen avantgardistischen und des späten klassischen.
Jan Tschichold starb am 11. August 1974, nach einem aktiven und mutigen Leben im Dienste der gestalterischen Qualität.

Echo und Reaktionen auf das Sonderheft »Elementare Typographie«

Die »Typographischen Mitteilungen« erschienen ab dem 17. Jahrgang 1920 als Publikation des Bildungsverbandes der deutschen Buchdrucker in Leipzig, der Zehntausende Mitglieder hatte. Fachleute wie Adolf Behne, Paul Renner oder Julius Rodenberg argumentierten in diesem Fachforum über handwerkliche und ästhetische Fragen; literarische Beiträge wechselten mit politischen Aufsätzen.

Das Heft »Elementare Typographie« war innerhalb des Jahrgangs 1925 und gegenüber allen vorhergegangenen einmalig: nie wieder ist die rationale Typografie so souverän dargestellt worden. In den bis 1933 folgenden Heften waren Schriftmischungen, Linien, Ornamente und Formensatz nach wie vor dominant, die Wirkung des neuen Stils war dennoch stark zu spüren.

Die Diskussion über das Heft wurde überall und heftig geführt. Die Herausgeber betonten immer wieder, daß es der Sinn der »Typographischen Mitteilungen« sei, über *alle* Strömungen und Richtungen im Buchgewerbe aufzuklären und nicht *einen* neuen Stil oder *eine* neue Richtung zu bevorzugen. Gleichzeitig sollten mit diesem Heft bereits bemerkbare schlechte Anwendungen des Bauhausstils verhindert werden.

Die Gegensätze in den Auffassungen gingen weit über die Typografie hinaus: auf politischem und sozialem Gebiet wurden im Deutschen Reich die gleichen schroffen, unversöhnlichen Auseinandersetzungen geführt. Einer der ersten, die Stellung bezogen, war Konrad F. Bauer, der schon im November 1925 in »Klimschs allgemeinem Anzeiger für Druckereien« sein Lob für Tschichold formulierte und für ihn um Verständnis warb. Er sah in dem Heft den ersten gelungenen Versuch einer zusammenfassenden Darstellung der neuen Gestaltungsbewegung und begrüßte die knappen Erläuterungen der verschiedenen Stilrichtungen wie Dada, Proun, Suprematismus und Konstruktivismus. »Und gewiß haben wir hier ernste Begegnungen eines neuen Stils vor uns, der in letzter Sachlichkeit und Zuverlässigkeit sein Formideal sieht. Es ist der Stil, der im Geiste unserer von der Technik beherrschten Zeit wurzelt und der vor allem in der Architektur schon eindrucksvolle Vertreter gefunden hat.« Allerdings ist Bauers Schlußsatz über die neue Richtung wenig weitsichtig: »Mit der diktatorischen Festlegung auf Groteskschrift und fette Linien hat sie nicht nur ihren Ausdrucksmitteln, sondern auch ihrer Lebensdauer eine feste Grenze gesetzt. Es wird eine kurze Mode werden, deren man bald überdrüssig sein wird. Dafür sorgen schon die Mitläufer, die proletenhafte Geistlosigkeit und Sachlichkeit verwechseln.«

In Heft 6/1925 der »Graphischen Revue«, dem österreichischen Pendant zu den »Typographischen Mitteilungen«, rezensierte Karl Stolik das Heft. »Die Beispiele sind aufreizend elementar, das heißt, sie muten an wie Zeichenversuche aus einer Kleinkinderbewahranstalt. Und dieser Stil wird sich – nach Ansicht seiner Erfinder – die Welt erobern.« Stolik meint, daß die Thesen Tschicholds nicht neu seien, denn daß Mitteilung in kürzester, einfachster, eindringlichster Form erscheinen soll, daß sich Typografie auf ihre elementaren Mittel Schrift, Zahlen, Zeichen, Linien

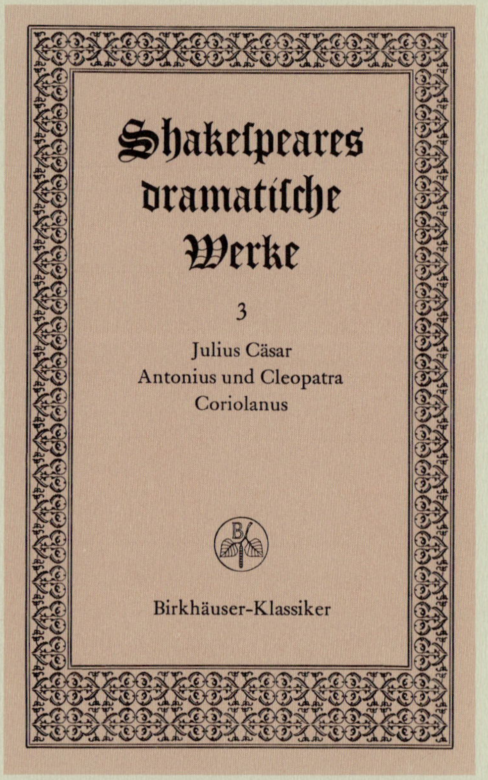

Schutzumschlag, 1943, unter Verwendung der gleichen Ornamentik wie 1924, siehe Seite 3 (12,3 × 19,7 cm)

beschränken soll, würde von Fachzeitschriften seit langem und oft gepredigt. Wie viele, so meinte auch Stolik, daß das Fehlen einer gleichzeitigen Stellungnahme der Redaktion der »Typographischen Mitteilungen« zum Sonderheft schlecht sei. Es sei gewiß verdienstvoll, alle Neuerer zu Wort kommen zu lassen, nur dürften diese, »weil das Schweigen leicht als Einverständnis aufgefaßt werden könnte, nicht kritiklos losgelassen werden, sonst stiften sie Unheil, was sicherlich nicht in der Absicht des Bildungsverbandes der deutschen Buchdrucker liegt«.

Eine wenig verständige, zeit- wie stilgeschichtlich aber um so interessantere Stellungnahme erschien in Heft 1/1926 der »Schweizer Graphischen Mitteilungen«. Der Untertitel »Eine kritische Betrachtung der neuen Moskauer Richtung« zeigt bereits die Tendenz. Der anonyme Rezensent schreibt, daß die abgebildeten Arbeiten Ausdruck der bewegten Zeit mit ihren politischen, sozialen und moralischen Auswirkungen seien und daß der größte Teil ein geradezu revolutionäres Gewand trage, »so daß man versucht ist, von einem kommunistischen Stil zu sprechen«. Obwohl der Schweizer Kritiker in den Arbeiten von Moholy-Nagy, Bayer, Burchartz, Molzahn und Tschichold auch gute Seiten entdeckte, kam er zu dem Urteil: »Niemals jedoch wird sich die Ausstattungsweise in der Praxis durchsetzen können, wie sie von den extremsten Vertretern derselben propagiert wird. …Es ist nur bedauerlich, daß die ›Typographischen Mitteilungen‹ als angesehenes Fachblatt solchen von den Narreteien und Modetorheiten des Zeichnerstils stark inspirierten Bestrebungen berufsfremder Kreise durch die Herausgabe eines derartigen Sonderheftes noch Vorschub leisten.«

Eine andere Schweizer Stellungnahme war genauso deutlich. Hermann Hoffmann schrieb in Heft 3/1926 der »Schweizer Graphischen Mitteilungen« unter dem Titel »Reform und Bolschewismus«: »Die Bewegung geht von Moskau aus, auf dessen Befehl der sonst ganz tüchtige Graphiker Tschichold sich auf den Konstruktivismus einstellte und dann in einigen deutschen Städten Vorträge darüber hielt, die aber sehr kritisch aufgenommen wurden.« Selbst wenn einiges davon stimmt, sagt dies nichts gegen die Thesen Tschicholds. Trotz der negativen Aufnahme in großen Teilen der Schweizer Fachwelt wurde eine der ersten Ausstellungen »Neue Typographie« im Januar 1928 im Gewerbemuseum Basel veranstaltet. Die Direktion des Museums schrieb im Katalog: »Die neue Richtung als Tagesmode anzusehen, verbietet allein schon die Tatsache, daß sie mit den Tendenzen zusammenhängt, die die Architektur, ja die gesamte angewandte Kunst, teilweise auch die freie Kunst durchdringen. Denn ähnlich wie in der modernen Richtung der Baukunst strebt auch der neue typografische Stil nach Zweckmäßigkeit, Sachlichkeit und knappem Ausdruck; er wendet sich von der für die Werbedrucksache zu feierlichen Symmetrie ab, um die Fläche mit Richtungskontrasten und Gegensätzen von betonten und leeren Flächen so zu gliedern, wie es der Sinn des Textes nahelegt.«

Auch in den »Typographischen Mitteilungen« selbst ging die Auseinander-

Schutzumschlag, 1955 (11,5 × 19,2 cm)

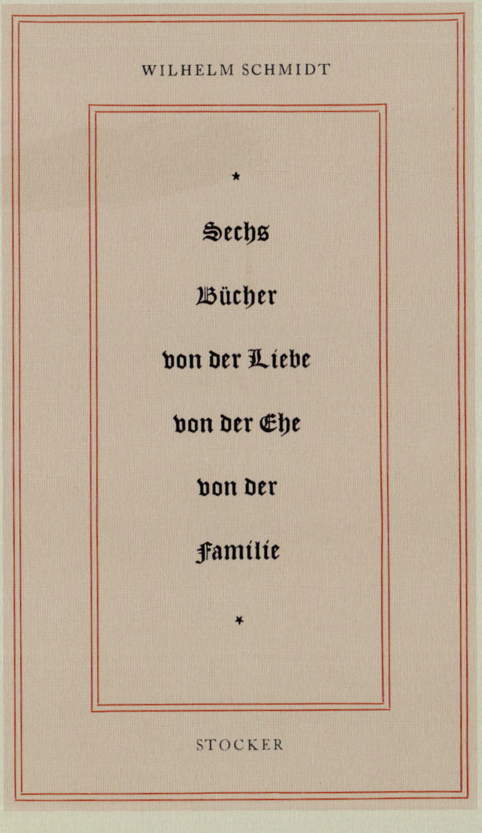

setzung weiter. In Heft 2 und 3 des Jahres 1926 erschien der Aufsatz von H. H. Leonhardt, Hannover, unter dem Titel »Ornamentale und elementare Typographie«. Leonhardt ging verständnisvoll auf Tschicholds Thesen ein, wies beschwichtigend darauf hin, daß viele der Sätze Tschicholds auch auf frühere typografische Anschauen zuträfen und daß konstruktivistische Anordnungen schon auf alten Urkunden und in Büchern zu sehen gewesen seien. »Die typographische Kunst ist stets zweckbetont gewesen, nie hat bei ihr die Persönlichkeit des Künstlers im Vordergrund gestanden... Stil ist stets der Ausdruck eines Kulturhöhepunktes, und es ist bezeichnend, daß das vergangene Jahrhundert trotz der Riesenfortschritte der Zivilisation seine Unkultur dadurch offenbart, daß es tausenderlei Stile nachgeäfft hat, aber zur Schaffung einer eigenen großen Lebensäußerung nicht fähig war. Darum kann man zu der neuen Kunstrichtung stehen, wie man will: wird es Tatsache, daß die moderne Welt sich zu einer neuen geistigen Kultur aufrafft, so wird sie auch den neuen Stil bringen, als dessen Vorbereiter die Taten der Konstruktivisten trotz mancher unbedingt abzulehnender Unsinnigkeiten ihren hohen positiven Wert haben.«
Eine weitsichtige und mutige Meinung. Eine andere Stellungnahme aus Deutschland zeigt die unüberbrückbaren Gegensätze der Anschauungen. Der damals im grafischen Gewerbe bekannte »Maler-Schriftsteller« R. Engel-Hardt schrieb in Heft 23/1926 der »Zeitschrift für Deutschlands Buchdrucker und verwandte Gewerbe« in einer Terminologie, die schon stark kommende Argumente vorwegnahm: »Wohl nie zuvor war eine Zeit dergestalt von Fremdideen durchsetzt und von phantastisch Neuem überschwemmt, in festverwurzelten Ansichten erschüttert und von inneren Widersprüchen zerrissen, sogleich so von offenen Gegensätzen erfüllt und von heftigen Kämpfen durchrüttelt, wie dies heute der Fall ist. Nie waren Jahrhunderte alter Tradition so in Gefahr, das Schöne und das Harmonische so verhöhnt, natürliches Empfinden so verlacht, Unnatur und Irrenhauskunst so verherrlicht, zugleich die Menschheit so um ihre Seele betrogen und an sich selbst irre gemacht, wie gestern und heute.« Interessant an Folgendem ist, daß die Ängste des Bürgertums vor Wissenschaftlichkeit in der Gestaltung damals wie heute zu einer Einstellung führen, die Begreifen verhindert: »Auf allen Gebieten, auch dem des Buchgewerbes, versucht die wissenschaftliche Erkenntnis in noch nie gekanntem Maße die Arbeit zu systematisieren und zu typisieren, ihre Herstellung zu vereinfachen und zu beschleunigen, erfreulicherweise auch zu verbilligen. Leider hat die Wissenschaftlichkeit aber zugleich aus den Werken vielfach das Persönliche gerissen.«
Und am deutlichsten zeigen die abschließenden Sätze Richtung und Einschätzung Engel-Hardts: »Noch gilt es ständig, gegen Fremdideen, die man uns aufdrängen will, anzukämpfen und eine Verschüttung ererbter Kunstbegriffe zu verhindern. Das Ringen um einen neuen großen Ausdruck, um den Zeitstil, ist unverkennbar. Aber dieser muß aus uns selbst herauskommen; jene fremden Idole, mit Weltanschauungen verknüpft, die nicht die unsrigen sind, führen nicht

Lehrbeispiel aus dem graphischen Jahrbuch 1942, in dem gegen die von Tschichold initiierte Gestaltung zu Felde gezogen wird (7,7 × 12 cm)

Eine Illustration zum Problem „Sachlichkeit". Das untere „sachliche" Inserat ist unsachlicher als das obere „unsachliche". Der „sachliche" (lies „nüchterne") Satzbau aus der vor Jahren als allein sachlich anerkannten Grotesk paßt nicht für ein Sommerfest, während die obere Arbeit mit dem lustigen Sonnenrand und der lebendigen Schriftmischung schon viel mehr das Richtige trifft. Man hüte sich vor schematischer Sachlichkeit!

zum großen Ziel. Wir werden es aber um so eher erreichen, je mehr wir einer wirklichen Vollendung zustreben, die doch wohl nur unter Beobachtung und Einbeziehung wahrhaft wertvoller Tradition möglich ist.«

Im Oktober des gleichen Jahres erschien in der führenden amerikanischen Fachzeitschrift »Inland Printer« eine Auseinandersetzung mit dem Tschichold-Heft von N. J. Werner. Mit einigen Abbildungen typografischer Ergebnisse ging er auf die Probleme ein, ohne allerdings den Inhalt recht zu verstehen. Dies ist nicht erstaunlich, denn für die soziale und kulturelle Situation im Deutschen Reich konnte es in den USA kaum Verständnis geben. Die Ausführungen endeten mit der Mahnung: »Laßt euch nicht auf Abwege führen durch Exzentrizitäten irgendeiner Sorte, mögen sie nun elementar sein oder anders; mögen sie von der Ernte des Heute sein oder ausgegraben aus der Vergangenheit. Hört nicht auf Entschuldigungen oder Gründe, die für deren Existenz angeführt werden, und seid im besonderen taub für den Anspruch, daß dies oder jenes ›volkstümlich‹ sei und daß führende Typografen es pflegen. Was der Mob liebt, ist nicht immer das Beste.«

Obwohl Tschicholds Thesen von Setzern und Druckern positiv aufgenommen wurden, blieben die zum Mittelstand gehörenden Fachjournalisten skeptisch und kritisch. Ganz anders die Avantgarde der Künstler, von denen diese Bewegung initiiert wurde. Lissitzky, dessen Werk Tschichold über alles schätzte und mit dem er in regem Kontakt stand, schrieb ihm am 22. Oktober 1925 aus Moskau: »Lieber Tschichold, bravo bravo, ich gratuliere Ihnen herzlichst zu der schönen Druckschrift ›Elementare Typographie‹. Es ist bei mir ein physischer Genuß, wenn ich so eine Qualitätsschrift in den Händen, Fingern, Augen halte. Meine Nervenantennen spannen sich, und der gesamte Motor verschnellert den Lauf. Und darauf kommt es schließlich doch an – die Trägheit zu überwinden. Es ist gut und gibt der Sache ihren Wert, daß die literarische Hälfte so einheitlich aufgestellt ist und ohne gewollte Popularität allgemein verständlich ist.«

Und in einem Brief an seine Frau schrieb Lissitzky im November 1925: »Außerdem habe ich große Freude gehabt – habe von Tschichold das Heft ›Typographische Mitteilungen‹ erhalten. Es ist schön zusammengestellt und prächtig gedruckt. Jetzt, da meine typografische Periode schon Vergangenheit geworden ist, ist es gut, daß eine Bilanz in diesem Heft da ist. Und die Auswirkung. Es ist keine Kunstzeitschrift, sondern eine Fachzeitschrift, die in die Hände der Drucker kommt, so sich weiter verbreiten wird.«

Wie die Faschisten die neue Typografie beurteilten, soll der Auszug aus Wilhelm Langes 1940 veröffentlichter Arbeit »Das Buch im Wandel der Zeit« zeigen: »Gewandte und zungenfertige Apostel suchten zu beweisen, daß das technische Zeitalter auch eine Technisierung der Schrift und des Drucks verlange. Deshalb war die Grotesk als völlig schmucklose Skelettschrift die einzig anerkannte Schriftform, zu deren Begleitung Punkt, Linie und Balken allein gestattet waren. Teile des Druckgewerbes fielen tatsächlich auf die neue Lehre herein, und man kann nur noch mit Schaudern an die Erzeugnisse dieser ›Elemen-

taren Typographie‹ zurückdenken. Mit dem Umbruch des Jahres 1933 war der Spuk verflogen und die Bahn wieder freigemacht für die gute deutsche Buch- und Druckkunst.«
Heute gibt es keinen ernstzunehmenden Theoretiker oder Praktiker, der Tschicholds Frühwerk, das Sonderheft »Elementare Typographie«, nicht als gelungene Manifestation der Moderne akzeptiert.
Viele der gegen das Heft gerichteten Stellungnahmen von damals könnten auch in den letzten Jahren geschrieben sein. Aber obwohl die Gegensätze die gleichen sind wie früher, werden zur Zeit kaum mehr fundierte Auseinandersetzungen über Fragen der Gestaltung geführt.
Trotz hervorragender Entwicklungen im technischen Bereich dominieren in der Typografie historisierende Besinnlichkeit und Halbkönnen, es gibt kaum mutige Ideen oder gar Experimente. Gemessen an der Zeit um 1925 ist auch dies auf fatale Weise ein Spiegelbild unserer saturierten Zeit.

Friedrich Friedl
1986

typographische mitteilungen

zeitschrift des bildungsverbandes der deutschen buchdrucker • leipzig

oktoberheft 1925

sonderheft
elementare typographie

mit arbeiten von

natan altman
otto baumberger
herbert bayer
max burchartz
el lissitzky
ladislaus moholy-nagy
molnár f. farkas
johannes molzahn
kurt schwitters
mart stam
ivan tschichold

ANSCHRIFTEN DER URHEBER

DER IM HEFT ABGEBILDETEN ARBEITEN

OTTO BAUMBERGER: Zürich.

HERBERT BAYER: Bauhaus in Dessau, Mauerstraße 36.

MAX BURCHARTZ: Werbe-Bau, Bochum, Bongardstraße 36.

EL LISSITZKY: Moskau, Kusnjetzkaja ul. 33, Qu. 9.

LADISLAUS MOHOLY-NAGY: Bauhaus Dessau, Privatwohnung: Friedrich-Schneider-Straße 69 I.

MOLNÁR F. FARKAS: Pées, Ungarn, Rákóczy ut. 4.

JOHANNES MOLZAHN: Magdeburg, Sternstraße 24 I.

KURT SCHWITTERS: Hannover, Waldhausenstraße 5 II.

IVAN TSCHICHOLD: Leipzig, Grassistr. 22 IV, Telefon 15260.

FIRMEN UND ZEITSCHRIFTEN

DIE DAS ZUSTANDEKOMMEN DES VORLIEGENDEN HEFTES UNTERSTÜTZTEN

Zeitschrift ABC, Beiträge zum Bauen; Zürich, Schweiz.

DAS BAUHAUS IN DESSAU, Hochschule für Gestaltung (Leitung Walter Gropius), Dessau, Mauerstraße 36 (früher Staatliches Bauhaus in Weimar).

BURGER-KEHL & CO., Zürich 2, Lavaterstraße 103 (Klischee).

G, Zeitschrift für elementare Gestaltung, Berlin.

MA, Zeitschrift für aktive Kunst, Wien.

Zeitschrift MERZ, Hannover.

Eugen RENTSCH Verlag, München (Galvano).

Schriftgießerei J. G. SCHELTER & GIESECKE, Leipzig (Leihgabe von Schriften).

WERBE-BAU, Bochum, Bongardstraße 15 (Klischee).

ZEITSCHRIFTEN

DIE FÜR DIE IDEE, DER DIESES HEFT GEWIDMET IST, KÄMPFEN

ABC ——— Beiträge zum Bauen. Administration: Basel, Schweiz, Augustinergasse 5. Jährlich (6 Nummern) 1 Dollar. Man wende sich an die Administration.

DAS BAUHAUSHEFT (November 1924) der Zeitschrift JUNGE MENSCHEN. Verlag: Hamburg 13, Johnsallee 54, Postscheckkonto Hamburg 31941. Preis des Heftes —.50 Mark.

DER BÜCHERKREIS. Jahrgang 1925, Heft 12 (Sonderheft Neue Kunst). Verlag des Bücherkreises, Berlin SW 68, Lindenstraße 3. Preis —.30 Mark. Eine gute Darstellung der Entwicklung mit guten, teilweise farbigen Abbildungen.

GEGENSTAND (Weschtsch) Internationale Rundschau der Kunst der Gegenwart. Herausgeber: El Lissitzky und Ilja Ehrenburg. Verlag Skythen, Berlin-Grunewald, Karlsbader Straße 16. Es erschienen nur die Nummern 1/2 und 3 (April und Mai 1922), die zusammen etwa 1.— Mark kosten.

MA ——— Zeitschrift für aktive Kunst (in ungarischer, teilweise in deutscher Sprache). Herausgeber Ludwig Kassák, Wien XIII, Amalienstraße 26. Monatlich ein Heft zu 1.50 Mark. Man wende sich direkt an den Verlag.

MERZ ——— Herausgeber: Kurt Schwitters. Verlag Merz, Hannover, Waldhausenstraße 5 II. Erscheint unregelmäßig. Der Jahrgang I, 1923 (Nummer 1, 2, 4, 6), kostet 6.– Mark. Von Band II sind bisher 4 Nummern erschienen: Nummer 7, 8/9 und 11; das sehr schöne Nasci-Heft (Redaktion Lissitzky–Schwitters), Ty-Re (Typographie–Reklame), dem das Signet Pelikan von Kurt Schwitters entnommen ist. Die Einzelnummer kostet 1.50 Mark. Man wende sich direkt an den Verlag.

DE STIJL Orgaan voor de Nieuwe Beelding. Herausgeber: Théo van Doesburg. Deutscher Kommissionsverlag: Merz-Verlag, Hannover, Waldhausenstraße 5 II. Jährlich etwa 12 Nummern für ungefähr 15.– Mark.

BÜCHER

STAATLICHES BAUHAUS IN WEIMAR 1919–1923. Ausgaben in deutsch, russisch, englisch. Bauhaus-Verlag, Weimar-München. 40.– Mark.

DIE BAUHAUSBÜCHER. Verlag Albert Langen, München (erscheinen ab Anfang Oktober).

LE CORBUSIER-SAUGNIER, Vers une architecture. Französisch. Paris, J. Crès e Cie. 20.– Frank.

ILJA EHRENBURG, A wse-taki ona wertitsja (Und sie bewegt sich doch!). Russisch. Helikon-Verlag, L. Ladyschnikoff, Berlin W 50, Rankestraße 33. 0.75 Dollar.

EL LISSITZKY UND HANS ARP, Kunst-Ismen 1914–1924. Deutsch, französisch, englisch. Eugen Rentsch Verlag, München. Geheftet 4,50 Mark, gebunden 5.50 Mark.

MA-BUCH NEUER KÜNSTLER. 100 Bilder. Redigiert von L. Kassák und L. Moholy-Nagy. Wien, Ma-Verlag, L. Kassák, Amalienstraße 26. 5.50 Mark. Vom Verlag direkt zu beziehen.

INTERNATIONALE AUSSTELLUNG NEUER THEATERTECHNIK WIEN 1924. Katalog, Programm, Almanach. Herausgegeben von Friedrich Kiesler. Verlag Würthle & Sohn Nachf., Wien I, Weihburggasse. Broschiert 1.50 Mark.

TYPOGRAPHIE DES HEFTS: IVAN TSCHICHOLD, LEIPZIG

DIE NEUE GESTALTUNG

IWAN TSCHICHOLD

Die Neue Typographie, der sich dieses Sonderheft der »Typographischen Mitteilungen« widmet, baut sich auf den Erkenntnissen auf, die die konsequente Arbeit des russischen Suprematismus, des holländischen Neoplastizismus und insbesondere die des Konstruktivismus vermittelte. Diese drei Bewegungen sind keineswegs plötzliche, unvorbereitete Erscheinungen, sondern die Endpunkte einer künstlerischen Bewegung, die schon im vorigen Jahrhundert beginnt. Die folgenden Zeilen sollen eine gedrängte, nur andeutende Übersicht über die Stadien dieser Entwicklung geben.*

Im neunzehnten Jahrhundert war das Bild der letzten Reste seiner ursprünglichen sozialen Zwecke (als Kult- und Freskomalerei) entkleidet worden. Es erlangt Selbständigkeit, die es als L'art pour l'art-Kunst (Kunst der Kunst wegen) außerhalb des wirklichen Lebens stellt. Die Malerei, längst schon nicht mehr *erzählend* (wie im Mittelalter), wird, als *Darstellung der Wirklichkeit,* durch die bessere, weil exakte, Photographie abgelöst. In der Folge, seit etwa der Mitte des vorigen Jahrhunderts, vollzieht sich nun eine künstlerische Umwälzung von großer Eigenart und außerordentlichem Tempo.

Diese Bewegung setzte mit großer Kraft im Impressionismus ein. Der seitdem ein immer schneller werdendes Tempo annehmende stete Wechsel oft scheinbar entgegengesetzter Kunstrichtungen, die schließlich einem bestimmten freilich erst heute bewußt gewordenen Ziel zustrebten, ließ den passiv Erlebenden glauben, daß der Wechsel der Stile (als solche erschienen dem Laien diese *Richtungen*) in unsrer Zeit ein früher nicht gekanntes Tempo angenommen habe. In Wirklichkeit sind aber alle diese Kunstrichtungen keineswegs Stile (solche wurzeln in einer Gesamtkultur, die heute noch fehlt), sondern lediglich verzweifelte Versuche der Maler, das Tafelbild zu retten, Abbilder der krampfartigen letzten Zuckungen einer untergehenden Gesellschaft.

Dennoch ist das revolutionierende und destruktive (zerstörende) Schaffen dieser Malergenerationen eine wesentliche Voraussetzung unsrer heutigen Arbeit. Niemals bricht eine neue Epoche — und wir stehen erst am Anfang einer solchen — mit einem Schlage an. Eine solche Wandlung vollzieht sich allmählich, doch mit unendlicher Sicherheit. Die IMPRESSIONISTEN *(Cézanne, Liebermann)* vermitteln ein völlig neues, farbiges Sehen der sichtbaren Welt, sie gaben dem Bild, das von ihnen vorzugsweise Nur-Darstellung war, die Farbe in einer neuen Form wieder. Sie entnahmen ihre Vorbilder aber noch der Natur. Ihre Schöpfungen sind im wesentlichen *flächig.* Die KUBISTEN *(Léger, Picasso)* und FUTURISTEN *(Boccioni, Carrà)* gingen zwei Schritte weiter — sie verwarfen das Vorbild der zufälligen Natur in der bildenden Kunst, in der Erkenntnis, daß ein so gerichtetes Schaffen zutiefst reproduktiv (nachbildend), nicht produktiv (schöpferisch) sei, begannen mit der Abstraktion (Entsinnlichung) des Bildinhalts, schufen geometrische, Maschinen und primitiven Ornamenten ähnelnde, einen *plastisch* gesehenen Raum vortäuschende Gebilde. An Stelle der Zufälligkeit der Natur und des Durcheinanders unklarer Gefühle versuchten sie exakte Formen und gesetzmäßiges Denken zu setzen, ohne freilich das Absolute der Mechanik, dem im Grunde ihre Sehnsucht galt, zu erreichen. Seit dem ersten Auftreten der Kubisten wird in der bildenden Kunst eine fortschreitende Geometrisierung und Abstraktion fühlbar.

Eine bedeutende Einzelerscheinung, der Russe *Kandinsky* versucht eine Wandlung der Bildform dadurch, daß er in seinen abstrakten Malereien »musikalisch« wirkende Gestaltungen schuf.

Eine im wesentlichen planlose Äußerung deutscher Kunst, eine Art Mischung von Kubismus und Futurismus, stellt der deutsche EXPRESSIONISMUS *(Marc, Campendonk)* dar, der zwar das Vorbild der Natur formal und farbig ganz frei gestaltet, doch ohne den Grad der Logik und Konsequenz des Kubismus zu erreichen, ein typisches Produkt aus deutschem Individualismus und deutscher Romantik.

Der Krieg ist der Wendepunkt der Entwicklung. Die ihm folgende Ernüchterung brachte den klaren Blick für das Durcheinander der Formen auf allen Gebieten, Folge des Mangels eines einheitlichen Gestaltungsprinzips. Ihr künstlerischer Niederschlag ist der DADAISMUS (Frankreich: *Tzara,* Schweiz: *Arp,* Deutschland: *Schwitters, Huelsenbeck, Grosz).* Dada hat destruktiven Charakter. Er zeigt mit »herzloser Offenheit« dem Spießer die brutale Wirklichkeit, ihr Durcheinander, stellt ihn und sie auf den Kopf.

Vereinzelt kommt die Besinnung; das einzige, was in diesem Chaos restlos überzeugt, wirklich »lebt«, der Gegenwart gehört, sind die Werke der Ingenieure und Techniker, die Ingenieurbauten und Maschinen. Man versucht, von diesen *Gegenständen* das Wesentliche, die mathematische Folgerichtigkeit, zu übernehmen.

So beginnt das Ringen einzelner um eine Gestaltung der Gesetzmässigkeit des Lebens aus elementaren Verhältnissen.

Kurt Schwitters: Typosignet Pelikan

* Illustrationsmaterial geben die zwei Bücher »Ma-Buch Neuer Künstler« (Ma-Verlag, Wien), »Kunst-Ismen« (Rentsch, München).

1 

2 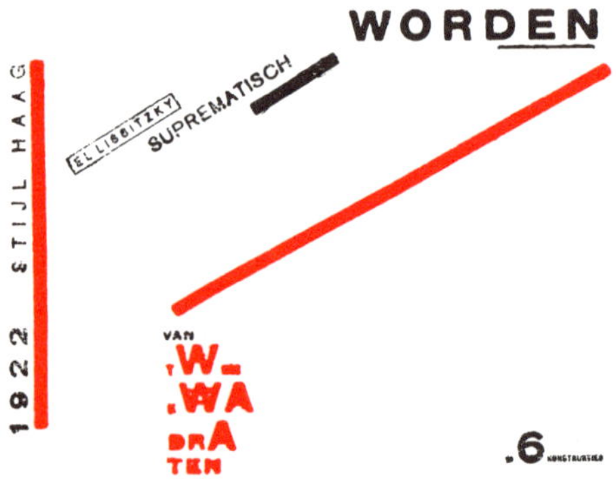

3 

4 

← Dies sind die verkleinerten Bilder eines Kinderbuchs, der MÄR VON ZWEI QUADRATEN von EL LISSITZKY (konstruiert in Witebsk [Russland] 1920) Die Übersetzung lautet: **1** Von 2 El Lissitzky **2** El Lissitzky: Suprematische Mär von zwei Quadraten in 6 Konstruktionen **3** das sind die 2 Quadrate **4** kommen von ferne auf die Erde — und **5** und sehen eine schwarze Wüste **6** ein Stoss — alles stürzt **7** und auf schwarzem Gebild klar — wahr **8** hier Ende — und vorwärts Die wirkliche Grösse verhält sich zu diesen Abbildungen fast genau wie 3 : 1. Abgebildet ist die holländische Ausgabe, die im Verlag der Zeitschrift »De Stijl«, Clamart (Seine), Frankreich, 64 avenue Schneider, erschien (fast vergriffen). Die ursprüngliche Ausgabe in russischer Sprache erschien im Skythen-Verlag, Berlin-Grunewald, Karlsbader Strasse 16. Der typographische Satz neben den Bildern ist ein Beispiel für die Forderung Lissitzkys, dass Typographie den Zug- und Druckspannungen des Inhalts entsprechen müsse. (Lissitzky: Die Wörter des gedruckten Bogens werden abgesehen, nicht abgehört.)

Der erste Maler, der (schon vor dem Kriege) versucht hatte, mit elementaren Mitteln elementare, gesetzmässige Beziehungen von Farbe, Form, Licht, Zeit zu gestalten, war der Führer des russischen SUPREMATISMUS: Kasimir *Malewitsch*. Seine Werke: elementare Beziehungen abstrakter farbiger und unbunter Flächen im unendlichen weissen Raum. Die konsequente Arbeit dieses Malers führt das Bild als Flächengestaltung auf den Nullpunkt. 1919 hört der Suprematismus auf. Eins der Bilder Malewitschs ist das schwarze Quadrat (auf weisser quadratischer Grundfläche). Die westliche Parallelerscheinung ist der holländische NEOPLASTIZISMUS *(Mondrian, van Doesburg)*, der räumlich-dynamischen (bewegten) Gestaltung des Suprematismus entgegengesetzt durch flächig-statische Form.
Der Russe *El Lissitzky* (el) ist der Erfinder des von ihm so benannten PROUN. Das ist eine Bildform. Lissitzky fasst die Splitterteile der Gestaltungen des Suprematismus zusammen und schafft Werke, die inspiriert sind von der Phantasie eines von der Schönheit und den ausserordentlichen Möglichkeiten der modernen Technik restlos begeisterten Künstlers. Seine Prounen sind Illusionen von Spannungen plastisch-gesehener Körper in unendlichen Räumen. Der Schritt von dieser Arbeit, die, mit Ausnahme des Proun, noch immer Illusionen, wenn auch abstrakte (gegenstandslose), gab, zu einer realen (wirklichen) Gestaltung war klein. Das Ende des Krieges, in allen Ländern gleich niederschlagend, zwang diesen Schritt geradezu herbei. Was die Kubisten, unter ihnen besonders Picasso, schon vor dem Kriege versucht hatten, die Einbeziehung dem Bilde bisher fremder Materialien (Metall, Papier, Holz), führten die Russen konsequent weiter — an die Stelle der durch die Farbe gegebenen Illusionen trat die ausschliessliche Verwendung *wirklicher* Stoffe: Blech, Draht, Glas, Holz usw., anfänglich charakterisiert durch das sogenannte Konterrelief *Tatlins* (KONSTRUKTIVISMUS). Die Bedeutung dieser Arbeit liegt weniger in ihrem zwar neuen, doch immerhin ästhetischen Moment, als darin, dass sich die Künstler nunmehr mit wirklichen Materialien beschäftigten und die Beziehungen der neuen Stoffe zueinander studierten. Es ist unwesentlich, dass diese Bewegung im Anfang einem Romantismus: der Liebe zu den Maschinen, Apparaten, den *neuen* Dingen, entsprang; denn fast zu gleicher Zeit setzte, in ihr gegründet, die *reale Gestaltung von Gegenständen* ein.
Diese Bewegung beginnt mit Entwurf und Modell des Turms der Dritten Internationale von Tatlin (Moskau 1918). Hier war ein »Gegenstand«, ein Bauwerk von ungeheurem Ausmass, eine Spirale aus Glas und Eisen, 200 m höher als der Eiffelturm, ein grosser Ausdruck der Bewegung, die in der russischen Revolution den ersten weltpolitischen Erfolg errang. Aber kein blosses Denkmal: ein Zweckbau, mit Räumen für das EKKI (Exekutiv-Komitee der Kommunistischen Internationale), die Museen der Revolution, eine wissenschaftliche Versuchs- und Funkstation. Trotzki hat in

seinem Buche »Literatur und Revolution« an diesem Bauwerk eine berechtigte Kritik geübt. Er setzt an ihm aus, dass für Tatlin der Zweck doch immerhin im Hintergrund gestanden habe, dass er noch zu sehr von frei-künstlerischen Gesichtspunkten ausgegangen sei. Das ist sicher richtig, mindert aber nicht die grundsätzliche Bedeutung dieser Schöpfung, die den Anfang der Bewegung darstellt, die sich die Gestaltung der Gegenstände des wirklichen Lebens zur Aufgabe gestellt hat und die früher den Namen »Konstruktivismus« trug.* Die deutsche, übrigens unabhängige Parallelbewegung findet in der Gründung des WEIMARER BAUHAUSES durch *Walter Gropius* ihren Ausdruck. Auch in Russland gibt es ein »Bauhaus«, die 1918 in Moskau gegründete Schule WCHUTEMAS (Abkürzung des russischen Ausdrucks für »Höhere Staatliche Kunstwerkstätten«). Beide, unabhängig und ohne Wissen voneinander zu fast gleicher Zeit gegründet, führte ihre konsequente Arbeit auf denselben Weg: Die Einordnung des gesamten künstlerischen Schaffens in den Bau, in dem es ja erst Sinn erhält. Darum ist auch die erste grosse Leistung des Bauhauses nicht die Schaffung neuer »schönerer« Bilder, sondern der Bau des Musterhauses, des »Hauses am Horn« in Weimar, das man zur Bauhaus-Ausstellung im September 1923 dort sah. An dieser Stelle mag ein Auszug aus dem oben genannten ausgezeichneten Buche von *Trotzki* Platz finden:

»Die Scheidewand zwischen Kunst und Industrie wird fallen. Der künftige grosse Stil wird nicht verzierend, sondern formierend sein. Es wäre irrig, wollte man dies deuten als Liquidierung der Kunst, als deren Selbstausschaltung vor der Technik. Für die Schaffung eines »idealen« Gegenstandes bedarf es, abgesehen von der Beherrschung des Materials und der Bearbeitungsmethoden, auch noch der Phantasie und des Geschmackes. Ganz im Einklang mit der ganzen Tendenz der Industriekultur glauben wir, dass die künstlerische Phantasie auf dem Gebiete der Produktion der materiellen Güter sich mit der Aufstellung der idealen Form des Gegenstandes als solchem befassen wird und nicht mit der Verzierung als künstlerischer Gratisbeilage zu dem Gegenstande selbst. Das bedeutet keineswegs eine Liquidierung der Werkkunst, nicht einmal in entfernter Zukunft. In den Vordergrund wird wahrscheinlich die unmittelbare Zusammenarbeit mit allen übrigen Zweigen der Technik rücken.«

Die Kunst der Zukunft wird die Grenzen der bisherigen sogenannten Kunst überschreiten und sich wahrscheinlich mehr und mehr der PHOTOGRAPHIE und des FILMS bedienen. Auf diesen Gebieten haben schon gearbeitet: der in Paris lebende Amerikaner *Man Ray* (abstrakte Photographie), der leider kürzlich verstorbene schwedische Maler *Viking Eggeling*, die Deutschen *Hans Richter* und *L. Hirschfeld-Mack* (abstrakter Film, reflektorische Lichtspiele), *Moholy-Nagy, Fernand Léger* (mechanischer Film).

Wann unsre, von einer neuen Ethik erfüllten Bestrebungen allgemein anerkannt sein werden, wann sie sich völlig durchsetzen können, das hängt von Umständen ab, die wir einzelnen nicht beherrschen oder gar bestimmen können. Aber dass sie sich durchsetzen werden, ist sicher, und unsre objektive, unpersönliche, für Alle bestimmte kollektive Arbeit bildet die bestimmte Gewähr dafür.

---

* Das Wort »Konstruktivismus« wurde in Russland aufgebracht. Es bezeichnete eine Kunst, die an Stelle des konventionellen Materials modernes Konstruktionsmaterial verwendet. Auf dem Internationalen Kongress in Düsseldorf, Mai 1922, wurde der Name Konstruktivismus (allerdings in verändertem Sinn, s. Stijl Nr. 8, Jahrgang V) von der Opposition aufgenommen.
Da ich zusammen mit meinen Freunden Doesburg und Lissitzky an dieser Proklamation des Konstruktivismus »schuld« bin, so will ich auch seine Beerdigung beginnen: Das, was heute unter diesem Namen geht, hat nichts mehr mit elementarer Gestaltung, unsrer Forderung auf dem Kongress, zu tun. Der Name wurde damals aufgenommen als Losungswort derjenigen, die sich sowohl um eine Gesetzmässigkeit des künstlerischen Ausdrucks als auch um sinnvoll zeitgemässe Aufgabe bemühen gegenüber einer Majorität des Kongresses der Individualisten. (Kongressbericht siehe: Stijl Nr. 4, Jahrg. V.) Inzwischen hat die Kunsthandel-Ölbildmalerei sich den Namen zugelegt und unter Konstruktivismus marschieren die Individualisten, Arrangeure, Ölmaler, Dekorativisten, die gesamte Spekulation. *Hans Richter* (in »Pasmo«).

5

EN Z I E N ZWART ONRUST

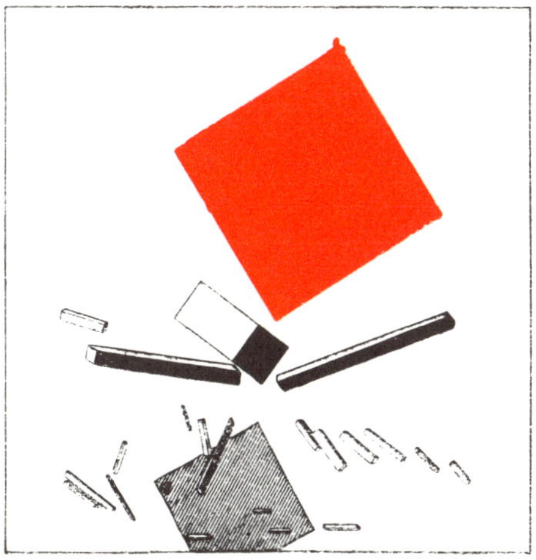
6

EEN STOOT

ALLES VALT UIT ELKAAR

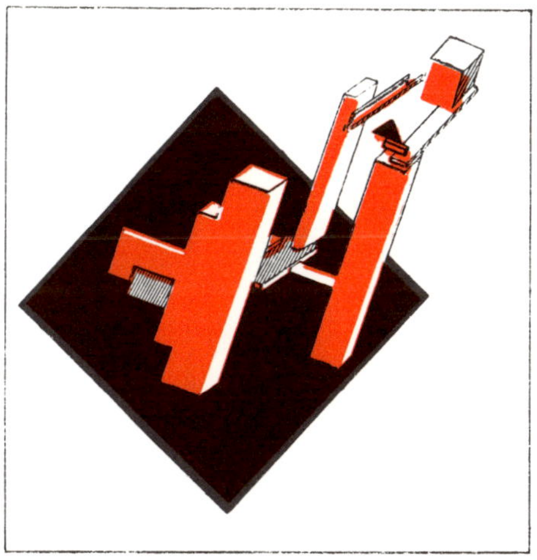
7

EN OP ZWART GEBEELD

KLWAAR

8

HIER EINDE

PROGRAMM DER KONSTRUKTIVISTEN

Die Konstruktivisten stellen sich die Gestaltung des Stoffes zur Aufgabe. Grundlage ihrer Arbeit sind wissenschaftliche Erkenntnisse. Um die Voraussetzung dafür herbeizuführen, dass diese Erkenntnisse in praktischer Arbeit verwertet werden, erstreben die Konstruktivisten die Schaffung des sinnvollen Zusammenhangs (die Synthese) aller Wissens- und Schaffensgebiete.
Alleinige und grundlegende Voraussetzung des Konstruktivismus sind die Erkenntnisse des historischen Materialismus.
Das Experiment der Sowjets liess die Konstruktivisten die Notwendigkeit erkennen, dass ihre bisherige, ausserhalb des Lebens stehende, durch wissenschaftliche Versuche ausgefüllte Tätigkeit auf das Gebiet des Wirklichen zu verlegen ist und in der Lösung praktischer Aufgaben ihre Berechtigung erweisen muss.

DIE ARBEITSMITTEL DER KONSTRUKTIVISTEN SIND:

1. Faktur, **2.** Tektonik, **3.** Konstruktion.
Die *Faktur* ist das mit technischer Notwendigkeit ausgewählte und bearbeitete Material.
Die *Tektonik* erwächst aus der, dem Zweck des zu schaffenden Gegenstands entsprechenden, Ausnützung des Materials.

El Lissitzky 1922: Verkleinertes Titelblatt einer amerikanischen Zeitschrift

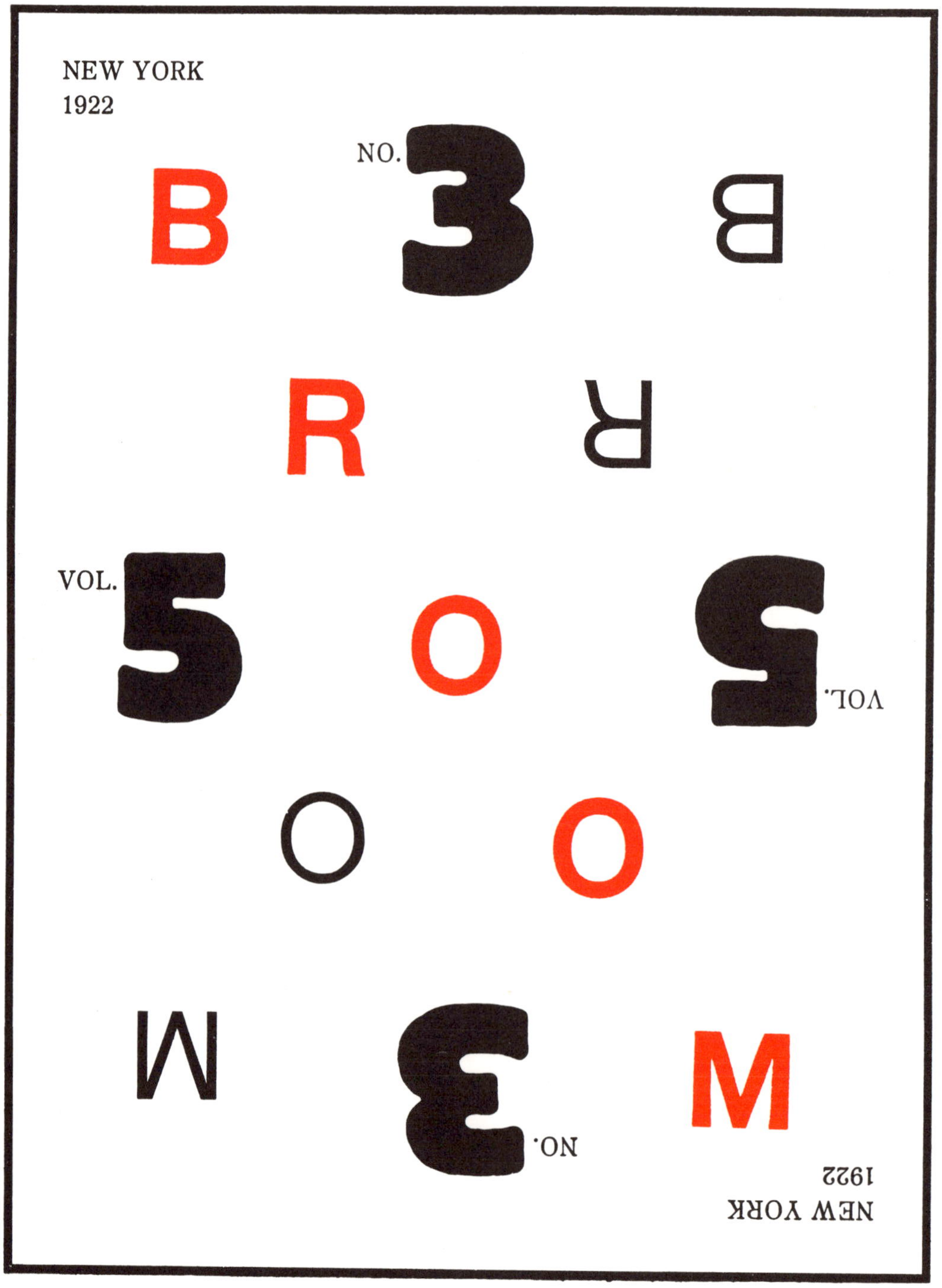

El Lissitzky 1924: Inserat

Die *Konstruktion* (die Gestaltung) ist eine bis zum Äussersten gehende, formende Tätigkeit: die Organisation des Materials. Nur jeweilige wissenschaftliche Erkenntnisse vermögen der Tektonik oder der Konstruktion Grenzen zu ziehen.

DIE STOFFLICHEN MITTEL SIND:

1. Stoff überhaupt. Die Kenntnis seiner Entstehung und der Veränderungen, die er in der Rohproduktion und in der Verarbeitung erfährt. Seine Eigentümlichkeiten, seine Bedeutung für die Wirtschaft, seine Beziehung zu andern Stoffen.
2. Die Erscheinungsformen des Stoffes in Raum und Licht: Volumen (die räumliche Ausdehnung), Oberfläche, Farbe. Der Stoff an sich und seine Erscheinungsform können nicht getrennt betrachtet werden, darum stehen die Konstruktivisten im gleichen Verhältnis zu beiden von ihnen.

DIE AUFGABEN DER KONSTRUKTIVISTEN SIND:

1. Herstellung einer Verbindung mit allen Produktionszentren und Haupteinrichtungen des Landes; **2.** Konstruktion von Plänen; **3.** Organisation von Ausstellungen; **4.** Agitation in der Presse:
a) Die Gruppe erklärt rücksichtslosen Krieg gegen alle Kunst.
b) Sie erweist die Unmöglichkeit eines allmählichen Übergangs der vergangenen künstlerischen Kultur in die konstruktiven Formen der neuen Gesellschaft.
c) Sie strebt an, dass die intellektuelle Produktion gleichberechtigt neben der realen Produktion am Aufbau der neuen Kultur teilnimmt. (NACH DEM RUSSISCHEN. Deutsche Bearbeitung von I. T.)

Unser einziger Fehler war, uns mit der sogenannten Kunst überhaupt ernsthaft beschäftigt zu haben. GEORGE GROSZ

IWAN TSCHICHOLD

1. Die neue Typographie ist zweckbetont.

2. Zweck jeder Typographie ist Mitteilung (deren Mittel sie darstellt). Die Mitteilung muss in kürzester, einfachster, eindringlichster Form erscheinen.

3. Um Typographie sozialen Zwecken dienstbar zu machen, bedarf es der *inneren* (den Inhalt anordnenden) und *äußeren* (die Mittel der Typographie in Beziehung zueinander setzenden) *Organisation* des verwendeten Materials.

4. *Innere Organisation* ist Beschränkung auf die elementaren Mittel der Typographie: Schrift, Zahlen, Zeichen, Linien des Setzkastens und der Setzmaschine.
Zu den elementaren Mitteln neuer Typographie gehört in der heutigen, auf Optik eingestellten Welt auch das exakte Bild: die Photographie.
Elementare Schriftform ist die **Groteskschrift** aller Variationen: mager — **halbfett** — **fett** — schmal bis **breit**.

Schriften, die bestimmten Stilarten angehören oder beschränkt-nationalen Charakter tragen (Gotisch, Fraktur, Kirchenslavisch) sind nicht elementar gestaltet und beschränken zum Teil die internationale Verständigungsmöglichkeit. Die Mediäval-Antiqua ist die der Mehrzahl der heute Lebenden geläufigste Form der Druckschrift. Im (fortlaufenden) Werksatz besitzt sie heute noch, ohne eigentlich elementar gestaltet zu sein, vor vielen Groteskschriften den Vorzug besserer Lesbarkeit.
Solange noch keine, auch im Werksatz gut lesbare elementare Form geschaffen ist, ist zweckmässig eine unpersönliche, sachliche, möglichst wenig aufdringliche Form der Mediäval-Antiqua (also eine solche, in der ein zeitlicher oder persönlicher Charakter möglichst wenig zum Ausdruck kommt) der Grotesk vorzuziehen.

Eine ausserordentliche Ersparnis würde durch die ausschliessliche Verwendung des kleinen Alphabets unter Ausschaltung *aller* Grossbuchstaben erreicht, eine Schreibweise, die von allen Neuerern der Schrift als unsre Zukunftsschrift empfohlen wird. Vgl. das Buch »Sprache und Schrift« von Dr. Porstmann, Beuth-Verlag, G. m. b. H., Berlin SW 19, Beuthstrasse 8. Preis Mark 5.25. — durch kleinschreibung verliert unsre schrift nichts, wird aber leichter lesbar, leichter lernbar, wesentlich wirtschaftlicher. warum für einen laut, z. b. a zwei zeichen A und a? ein laut ein zeichen. warum zwei alfabete für ein wort, warum die doppelte menge zeichen, wenn die hälfte dasselbe erreicht?

DIE MODENSCHAU

findet heute und morgen (Donnerstag und Freitag) nachmittags und abends im „Intimen-Theater" statt.

Beginn der Vorführungen: 4 und 8½ Uhr. Einlaß: 3½ und 8 Uhr.

Erste Berliner Mannequins
führen neueste Schöpfungen der besten Häuser zum Herbst und Winter vor:
Schlichte Kleider
Nachmittags-Tee und Abendtoiletten
Pelzverbrämte Mäntel und Kostüme
Pelze und Pelzjacken
Straßen- und Abend-Hüte
Schuhwerk der Firma F. W. Böhmer, Bongardstr. 12

Die künstlerische Leitung übernahm Hans Tobar.
Zur Unterhaltung wirken erste Kräfte mit.
Neue Gesellschaftstänze tanzen S. Noack, Berlin, Klubmeister des deutschen Klubs für Tanzsport und seine Partnerin.
Musik von beiden Kapellen des Intimen-Theaters.

baruch

BOCHUM, BONGARD- UND KORTUMSTR.-ECKE

Max Burchartz: Zeitungsinserat

EL LISSITZKY 1922/23: Zwei gegenüberliegende Seiten (Gedichttitel) aus MAJAKOWSKY, Dlja gólossa (Russischer Staatsverlag, Moskau)

Die logische Gliederung des Druckwerks wird durch Anwendung stark unterschiedlicher Grade und Formen ohne Rücksicht auf die bisherigen ästhetischen Gesichtspunkte optisch wahrnehmbar gestaltet.
Auch die unbedruckten Teile des Papiers sind ebenso wie die gedruckten Formen Mittel der Gestaltung.

5. *Äussere Organisation* ist die Gestaltung stärkster Gegensätze (Simultanität) durch Anwendung gegensätzlicher Formen, Grade und Stärken (die im Werte ihrer Inhalte begründet sein müssen) und die Schaffung der Beziehung dieser positiven (farbigen) Formwerte zu den negativen (weissen) Formwerten des unbedruckten Papiers.

6. Elementare typographische Gestaltung ist die Schaffung der logischen und optischen Beziehung der durch die Aufgabe gegebenen Buchstaben, Wörter, Satzteile.

7. Um die Eindringlichkeit, das Sensationelle neuer Typographie zu steigern, können, zugleich als Mittel innerer Organisation, auch vertikale und schräge Zeilenrichtungen angewendet werden.

8. Elementare Gestaltung schliesst die Anwendung jedes *Ornaments* (auch der ornamentalen Linie, z. B. der fettfeinen) aus. Die Anwendung von Linien und an sich elementaren Formen (Quadraten, Kreisen, Dreiecken) muss zwingend in der Gesamtkonstruktion begründet sein.
Die *dekorativ-kunstgewerblich-spekulative Verwendung* an sich elementarer Formen ist nicht gleichbedeutend mit elementarer Gestaltung.

9. Der Anordnung neuer Typographie sollten in Zukunft die normierten (DIN-)Papierformate des Normenausschusses der Deutschen Industrie (NDI) zugrunde gelegt werden, die allein eine alle typographischen Gestaltungen umfassende Organisation des Druckwesens ermöglichen. (*Literatur:* Dr. Porstmann, »Die Dinformate und ihre Einführung in die Praxis«, Selbstverlag Dinorm, Berlin NW 7, Sommerstrasse 4a. Mark 3.—.)

Insbesondere sollte das Format DIN A 4 (210 : 297 mm) allen Geschäfts- und andern Briefen zugrunde gelegt werden. Der Geschäftsbrief an sich ist ebenfalls genormt worden: DIN 676, Geschäftsbrief, zu beziehen direkt vom Beuth-Verlag, G. m. b. H., Berlin SW 19, Beuthstrasse 8, Mark 0,40. Das DINblatt »Papierformate« trägt die Nummer 476. — Die DINformate sind erst seit kurzem in der Praxis eingeführt. In diesem Heft ist nur eine Arbeit, der bewusst ein DINformat zugrunde gelegt ist.

10. Elementare Gestaltung ist auch in der Typographie nie absolut oder endgültig, da sich der Begriff elementarer Gestaltung mit der Wandlung der Elemente (durch Erfindungen, die neue Elemente typographischer Gestaltung schaffen — wie z. B. die Photographie) notwendig ebenfalls ständig wandelt.

200

Max Burchartz: Zeitungsinserat

EL LISSITZKY 1922/23: Zwei gegenüberliegende Seiten (Gedichttitel) aus MAJAKOWSKY, Dlja gólossa (Russischer Staatsverlag, Moskau)

TYPOGRAPHIE-PHOTOGRAPHIE

TYPO-PHOTO

L. MOHOLY-NAGY, DESSAU

Nicht Neugier, nicht wirtschaftliche Rücksichten allein, sondern ein tiefes menschliches Interesse an den Vorgängen in der Welt, der starke Wunsch, in jedem Augenblick in jede Situation eingeschaltet zu sein, haben die ungeheure Verbreitung des Nachrichtendienstes: der Typographie, des Films und des Radio, geschaffen.

Die gestaltende Arbeit des Künstlers, die Versuche des Wissenschaftlers, die Kalkulation des Kaufmanns, des heutigen Politikers, alles was sich bewegt, alles was formt, ist in der Gemeinsamkeit der aufeinander wirkenden Geschehnisse gebunden. Das im Augenblick aktuelle Tun des einzelnen wirkt stets gleichzeitig auf lange Sicht. Der Techniker hat die Maschine in der Hand: Befriedigung augenblicklicher Bedürfnisse. Aber im Grunde weit mehr: er ist Begründer der neuen sozialen Schichtung, Vorbereiter der Zukunft. Eine solche Wirkung auf lange Sicht hat die heute noch immer nicht genügend beachtete Arbeit des Druckers (wie eines jeden Gestalters): internationale Verständigung mit ihren Folgerungen. Die Arbeit des Druckers ist ein Teil des Fundamentes, auf dem die NEUE Welt aufgerichtet wird.

Das strenge, klare Werk der Organisation ist geisterfüllte Konsequenz, die alle Elemente menschlichen Schaffens in eine Synthese (einen sinnvollen Zusammenhang) bringt: Spieltrieb, Anteilnahme, Erfindungen, wirtschaftliche Notwendigkeiten in Wechselbeziehung. Der eine erfindet das Drucken mit beweglichen Lettern, der andre die Photographie, ein dritter das Rasterverfahren des Klischees, ein vierter die Galvanoplastik, den Lichtdruck, das mit Licht gehärtete Zelluloidklischee. Die Menschen schlagen einander noch tot, sie haben noch nicht erfasst, wie sie leben, warum sie leben. Politiker merken nicht, dass die Erde eine Einheit ist — aber man erfindet das Telehor, den Fernseher; man kann morgen in das Herz des Nächsten schauen, überall sein und doch allein sein. Man druckt illustrierte Bücher, Zeitungen, Magazine in Millionen. Die Eindeutigkeit des Wirklichen in der Alltagsituation ist für alle Schichten da. Langsam sickert die Hygiene des Optischen, das Gesunde des Gesehenen durch.

Was ist Typographie? Was ist Photographie?
Was ist Typophoto? —
Typographie ist in Druck gestaltete Mitteilung, Gedankendarstellung.
Photographie ist visuelle Darstellung des optisch Fassbaren.
Das Typophoto ist die visuell exaktest dargestellte Mitteilung.

Jede Zeit hat ihre eigne optische Einstellung. Unsre Zeit die des Films, der Lichtreklame, der Simultanität (Gleichzeitigkeit) sinnlich wahrnehmbarer Ereignisse. Sie hat eine neue, sich ständig weiter entwickelnde Schaffensgrundlage auch für die Typographie hervorgebracht.

Weder Rose noch Maschine bilden ein Thema der Dichtung oder Malerei; sie belehren nur über Aufbau und Gestaltung ● OBJET

202

L. Moholy-Nagy: Entwurf zu einem Photoplakat (Photoplastik)

203 El Lissitzky 1923: Einband zu Majakowsky, Dlja gólossa

Die Typographie Gutenbergs, die bis fast in unsre Tage reicht, bewegt sich in ausschliesslich linearen Dimensionen. Durch die Einschaltung des photographischen Verfahrens erweitert sie sich zu einer neuen Typographie mit neuer, heute als total bekannter Dimensionalität. Die Anfangsarbeiten dazu wurden von den illustrierten Zeitungen, Plakaten, Akzidenzdrucken schon geleistet.
Bis vor kurzem hielt man krampfhaft fest an einem Setzmaterial und einer Satztechnik, die zwar die Reinheit des Linearen gewährleisteten, das neue Tempo des Lebens aber ausser acht lassen mussten. Erst in der allerletzten Zeit hat eine typographische Arbeit eingesetzt, die durch eine kontrastreiche Verwendung von typographischem Material (Buchstaben, Zeichen) den Zusammenhang mit dem heutigen Leben zu schaffen versuchte.
Die bisherige Starre der typographischen Praxis wurde aber durch diese Bemühungen kaum gelockert. Eine wirksame Lockerung kann nur bei weitestgehender, umfassender Verwendung der photographisch-zinkographisch-galvanoplastischen und ähnlichen Techniken erreicht werden. Die Biegsamkeit, Beweglichkeit dieser Techniken bringt Ökonomie und Schönheit in eine neue Wechselbeziehung. Mit der Entwicklung der Bildtelegraphie, die die Beschaffung von vollendet genauen Illustrationen im Augenblick ermöglicht, wird es wahrscheinlich dazu kommen, dass auch philosophische Werke mit den gleichen Mitteln arbeiten werden – wenn auch auf höherer Ebene – wie jetzt die

amerikanischen Magazine. Selbstverständlich werden diese neuen typographischen Werke in ihrer typographisch-optisch-synoptischen Gestalt von den heutigen linear-typographischen durchaus verschieden sein. Die lineare, gedankenmitteilende Typographie ist nur ein vermittelndes (Not-)Glied zwischen dem Inhalt der Mitteilung und dem aufnehmenden Menschen.

MITTEILUNG ⟵ TYPOGRAPHIE ⟶ MENSCH

Heute versucht man, die Typographie – statt sie, wie bisher, nur als *objekthaftes* Mittel zu verwenden – mit den Wirkungsmöglichkeiten ihrer *subjekt*haften Existenz gestaltend in die Arbeit einzubeziehen.
Die typographischen Materialien selbst enthalten starke optische Fassbarkeiten und vermögen dadurch den Inhalt der Mitteilung auch unmittelbar visuell — nicht nur mittelbar intellektuell — darzustellen. Die Photographie, als typographisches Material verwendet, ist von grösster Wirksamkeit. Sie kann als Illustration neben und zu den Worten erscheinen, oder als »PHOTOTEXT« an Stelle der Worte, als eindeutige Darstellungsform, die in ihrer Sachlichkeit keine persönlich-zufällige Deutung zulässt. Aus den optischen und assoziativen Beziehungen baut sich die Gestaltung, die Darstellung auf: zu einer visuell-assoziativ-begrifflich-synthetischen Einheit: zu dem Typophoto, als der eindeutigen Darstellung in optisch-gültiger Gestalt.
Das Typophoto regelt das neue Tempo der neuen, visuellen Literatur.

In Zukunft wird jede Druckerei eine eigne Klischeeanstalt besitzen, und es kann mit Sicherheit ausgesprochen werden, dass die Zukunft des Druckwesens den photomechanischen Verfahren gehört. Die Erfindung der photographischen Setzmaschine, der neuen billigen Herstellungsverfahren von Klischees usw. zeigen die Richtung, auf die ein jeder heutige Typograph oder Typophotograph sich baldigst einstellen muss.

STAATLICHES BAUHAUS WEIMAR

Bankkonten:
THÜRINGISCHE STAATSBANK
BANK FÜR THÜRINGEN
Postscheckkonto: ERFURT 22096
Fernsprecher 1135

WEIMAR, den

L. Moholy-Nagy 1923: Briefkopf

Beispiel für Verwendung photomechanischen Verfahrens. Gute Zusammenstellung zweier Aufnahmen (Strassenbild und Reifen)

Ich liebe das Gesetz, das das Schöpferische ordnet. G. BRAQUE

EL LISSITZKY

6.3.1925
Brione/Locarno
Villino Raetia

el

IWAN TSCHICHOLD
LEIPZIG

Es wäre zum mindesten unproduktiver Zeitverlust, wenn man heute beweisen wollte, dass man nicht mit eigenem Blut und einer Gänsefeder zu schreiben braucht, wenn die Schreibmaschine existiert. Heute zu beweisen, dass die Aufgabe jedes Schaffens, so auch der Kunst, nicht DARstellen, sondern DAstellen ist, ist ebenfalls unproduktiver Zeitverlust. (Merz)

E Lissitzky

205

El Lissitzky: Eigenbrief. Die Adresse gehört zur Komposition und ist darum eingefügt

DIE REKLAME

MART STAM – EL LISSITZKY

Die Reklame ist in der heutigen Gemeinschaftsordnung eine Notwendigkeit geworden, eine Folge des Konkurrenztriebes. Die Reklame wirkt auf das Publikum durch die *Mitteilung,* — stärker noch durch *Propaganda,* — noch stärker selbst durch *Suggestion.*

Für eine zielbewusste Reklame ist ausser einem klaren Einblick in das gegebene Material, vor allem psychologisches Erkennen notwendig.

DAS PLAKAT.

a) *Die Ware wird genannt.*

Die Mitteilung geschieht durch den Text. Der dynamische Ausdruck des gegebenen Wortmaterials muss eindeutig ausgebaut werden. Alles Nebensächliche ist wegzulassen. Kenntnis des Publikums gibt die Gewähr, dass kurze Aussprüche und Namen im Gedächtnis haften bleiben, während ein Überfluss an Worten nur schadet.

Wie man den Text zu setzen, über das Plakatfeld zu verteilen hat, wird man wissen, sobald man sich Rechenschaft gegeben hat über das *Lesen* und über das *Wie* des Lesens selbst; darüber, ob überhaupt gelesen wird, oder ob Worte, Namen oder Marke bloss erkannt werden.

Die Farbe und die Form dienen dazu, den Text lesbar zu machen, sie haben das in richtiger Weise zu tun, d. h.

jedes Preisgeben der Lesbarkeit um der Farbe willen *ist ein Fehler,*

jedes Preisgeben der Lesbarkeit um der Form willen *ist ein Fehler.*

Jede reizvolle Linie, jede Zierlichkeit und Farbennuancierung sind dem Zweck der Reklame vollkommen fremd und können nur schaden.

b) *Die Ware wird gezeigt.*

Es ist zu beachten, dass der moderne Mensch (besonders der Grosstadt) von Aufschriften und Plakaten überflutet ist; darum ist es höchst zweckmässig, anstatt die Ware zu nennen, sie zu zeigen. Neben dem Plakat

Der DIREKTOR des STAATLICHEN BAUHAUSES zu WEIMAR

Ehemalige Großherzoglich Sächsische Hochschule für bildende Kunst und ehemalige Großherzoglich Sächsische Kunstgewerbeschule in Vereinigung

L. Moholy-Nagy: Briefkopf

Molnár F. Farkas: Umschlag der Zeitschrift Ma ➡

O. Baumberger: Plakat

mit mitteilendem Text entsteht eine ganz andre Form, deren Mittel die Darstellung ist. Die photographische Darstellung des reklamierenden Gegenstandes selbst, oder seiner Wirkung, oder beides zusammen, füllen allein die ganze Plakatfläche aus. Der Gegenstand trägt auf sich die Firma oder die Fabrikmarke, durch die Anschaulichkeit allein prägt er sich stumm in das Gedächtnis Vorbeieilender. Für diesen Zweck ist eine photomechanische Reproduktion, mit einem markanten Signet versehen, jeder mehr oder weniger geschickt gezeichneten oder gemalten Abbildung vorzuziehen. Auch hier geht reklametechnisch und künstlerisch

DAS EXAKTE ÜBER DAS VERSCHWOMMENE,
DIE WIRKLICHKEIT ÜBER DIE NACHAHMUNG.

Auf diesen zwei Wegen:

1. der äussersten Organisation des lesbaren Textes, der Farbe und der Form zu funktioneller Kraft,

2. der photomechanischen Reproduktion des Gegenstandes (Abb. Seite 204 und 206), wird das moderne Plakat sich entwickeln. Für die moderne Reklame und für den modernen Gestalter ist das individuelle Element (des Künstlers »eigener Strich«) total belanglos. Die *Schnörkel der Rokokokalligraphen* sind sehr zierlich, aber die Schrift der `Standart Typewriter` ist eindeutiger und darum überzeugender. Das wachsende kollektive Verständnis für die elementaren Mittel ist wertvoller als die individualistische Zufälligkeit. Die Gegebenheiten des modernen Lebens reichen dem Künstler ein ungeheures Material, aus dem er mit seiner Einbildungskraft eine neue Mannigfaltigkeit gestalten soll. Deshalb wird die moderne Plakatkunst sich der entwickeltsten technischen Möglichkeiten bedienen, sowohl in der Typographie wie in der Reproduktion. (Aus »ABC«, Zürich.)

IM **BAUHAUSVERLAG** ERSCHEINEN DEMNÄCHST DIE

BAUHAUSBÜCHER

Von der Erkenntnis ausgehend, daß alle Gestaltungsgebiete des Lebens miteinander eng verknüpft sind, gibt der Bauhaus-Verlag eine Serie von Büchern heraus, welche sich mit allen Problemen des heutigen Lebens beschäftigen ● Will man sich über den Stand neuer Forschungen, neuer Ereignisse eingehend unterrichten, empfindet man heute oft die Mangelhaftigkeit wortkarger oder oberflächlicher Zeitungsberichte oder illustrierter Zeitungen. So werden die Bauhausbücher künstlerische, wissenschaftliche und technische Fragen behandeln, unter dem Aspekt ihres gegenseitigen Zusammenhanges. Der Bauhaus-Verlag versucht mit dieser Serie den in ihrer Spezialarbeit verankerten heutigen Gestaltern über die Problemstellung, die Arbeitsführung und die Arbeitsergebnisse der benachbarten und verwandten Gebiete Aufschluß zu geben, und ihnen dadurch einen Vergleichsmaßstab für ihre eignen Kenntnisse und den Fortschritt in andern Arbeitszweigen zu schaffen. Um eine Aufgabe von diesem Ausmaß bewältigen zu können, hat der Bauhaus-Verlag bestorientierte Fachleute verschiedener Länder, die ihre Spezialarbeit bewußt der Gesamtheit heutiger Lebenserscheinungen einzugliedern bestrebt sind, zur Mitarbeit aufgefordert. Damit erreicht er den doppelten Zweck: den Bauhaus-Kreis zu erweitern und dadurch der Verwirklichung seiner gesteckten Ziele näherzukommen ● Das Programm der ersten Bände (Schriftleitung: GROPIUS und MOHOLY-NAGY) ist folgendes:

- **1-2** INTERNATIONALE ARCHITEKTUR von WALTER GROPIUS
- **3** PÄDAGOGISCHES SKIZZENBUCH von PAUL KLEE
- **4** DIE BÜHNE IM BAUHAUS
- **5** NEUE GESTALTUNG von PIET MONDRIAN (Holland)
- **6** EIN VERSUCHSHAUS DES BAUHAUSES
- **7** GRUNDBEGRIFFE DER NEUEN GESTALTENDEN KUNST von THEO VAN DOESBURG (Holland)
- **8** AMERIKA? – EUROPA? von GEORG MUCHE
- **9** KLEINWOHNUNGEN von DER ARCHITEKTURABTEILUNG DES BAUHAUSES
- **10** MERZ-BUCH von KURT SCHWITTERS
- **11** BILDERMAGAZIN DER ZEIT I von OSKAR SCHLEMMER
- **12** SCHÖPFERISCHE MUSIKERZIEHUNG von H. JAKOBY (Hellerau)
- **13** FILM UND PHOTOGRAPHIE von L. MOHOLY-NAGY
- **14** DIE ARBEIT DER STIJL-GRUPPE von THEO VAN DOESBURG
- **15** KONSTRUKTIVE BIOLOGIE von MARTIN SCHÄFER
- **16** DIE HOLLÄNDISCHE ARCHITEKTUR von J. J. P. OUD (Holland)
- **17** FUTURISMUS von F. T. MARINETTI und E. PRAMPOLINI (Italien)
- **18** DIE ARBEIT DER MA-GRUPPE von L. KASSÁK und E. KÁLLAI (Ungarn)
- **19** PLASTIK DER GESTALTUNG von A. BEHNE und M. BURCHARTZ

L. Moholy-Nagy 1924: Innenseiten

20 PUNKT, LINIE, FLÄCHE von WASSILY KANDINSKY
21 RUSSLAND von ADOLF BEHNE
22 REKLAME UND TYPOGRAPHIE von EL LISSITZKY (Rußland)
23 NEUE ARCHITEKTURDARSTELLUNG von WALTER GROPIUS
24 BILDNERISCHE MECHANIK von PAUL KLEE
25 WERKARBEIT DER GESTALTUNGEN von L. MOHOLY-NAGY
26 ARCHITEKTUR, MALEREI, PLASTIK von den WERKSTÄTTEN DES BAUHAUSES
27 DIE NEUEN MATERIALIEN von ADOLF MEYER
28 ARCHITEKTUR von LE CORBUSIER-SAUGNIER (Frankreich)
29 BILDERMAGAZIN DER ZEIT II von JOOST SCHMIDT
30 NEUE ARBEITEN DER BAUHAUSWERKSTÄTTEN
31 VIOLETT (BÜHNENSTÜCK MIT EINLEITUNG UND SZENERIE) von WASSILY KANDINSKY

Jeder Band enthält **16** Seiten Text, **32** bis **48** ganzseitige Abbildungen oder **48** bis **60** Seiten Text ● Format **18×23** cm ● Preis der einzelnen Bände in festem Pappband Mk. **4.**—, Doppelband Mk. **7.**—

IM **BAUHAUSVERLAG** IST ERSCHIENEN:

„STAATLICHES BAUHAUS WEIMAR"

Das Buch des Staatlichen Bauhauses Weimar ist in erster Linie Dokument dieser Anstalt; es reicht aber, dem Charakter der Anstalt entsprechend, weit über eine örtliche Angelegenheit hinaus ins allgemeine, gegenwärtige und zukünftige Gebiet künstlerischen Schaffens und künstlerischer Erziehung ● Bedeutet das Staatliche Bauhaus das erste wirkliche Zusammenfassen der im letzten Jahrzehnt gewonnenen Einsichten in künstlerischen Entwicklungsfragen, so nimmt das Buch spiegelnd Teil an diesen Fragen, und bedeutet jedem, der sich über den Stand dieser Dinge unterrichten will, hierzu ein willkommenes Mittel. Darüber hinaus bleibt es ein geschichtliches Dokument. Denn das Bauhaus ist, obwohl zunächst einzigartig, keine insulare Erscheinung, sondern ein kräftiger Trieb, der sich voll entfaltet und auch völlig sich ausbreiten wird. Das bedeutet für das

Bestellungen und Vorbestellungen unter Benützung dieser Karte erbeten

BAUHAUSVERLAG GMBH
MÜNCHEN
WORMSER STR. 1

eines Verlagsprospekts

Ivan Tschichold: Postkarte

ELEMENTARE GESICHTSPUNKTE

NATAN ALTMAN

I. Die bildende Kunst befindet sich in einer Krise. Der Individualismus (Persönlichkeitsdrang) einer ungeordneten, ziellosen Gesellschaft hat in der Kunst der Kubisten, Expressionisten und Suprematisten seinen Ausdruck gefunden. Ihre Werke sind selbständige, zwecklose Gestaltungen, von der greifbaren Wirklichkeit losgelöste Wahngebilde, die geschaffen sind aus dem Bestreben, die Form subjektiv (ausschliesslich im Sinne der schaffenden Persönlichkeit) umzugestalten, und die daher nur der Einzelpersönlichkeit des Künstlers entsprechen. Diese Künstler fühlen sich als Mittelpunkt alles Geschehens und stellen sich in den bewussten Gegensatz zur Umwelt. In der abstrakten (gegenstandslosen) Malerei erreichte diese Entwicklung ihren Höhepunkt.

II. Das Verdienst einiger dieser Richtungen auf dem Gebiete der Malerei besteht in der Lösung besonderer technischer und formaler Probleme. Die Ausnützung dieser Lösungen für die Bedürfnisse der menschlichen Gesellschaft wird erschwert durch die unverständliche Hülle dieser Staffeleimalerei, die das Kunstwerk zum Selbstzweck macht.

III. Die Aufgaben einer mit den sozialen Gegebenheiten eng verquickten Kunst sind:

Herbert Bayer: Anzeige

210

Herbert Bayer 1923: Notgeldschein für den Staat Thüringen

1. Schaffung gesellschaftlich wertvoller Formen, die nicht in der willkürlichen Laune, dem persönlichen Einfall oder dem zufälligen Geschmack des einzelnen Künstlers begründet sind, sondern auf Grund von strengen, rein sachlichen Methoden entstehen, durch die allgemeine gesellschaftliche Bedürfnisse befriedigt werden.

2. Verwendung verschiedener, der Natur entnommener und technisch bearbeiteter Stoffe zur Schaffung von Kunstwerken, die nicht Spiegelbilder der Erscheinungen der Umwelt sind, sondern gestaltet werden wie die Gegenstände des wirklichen Lebens selbst.

3. Gestaltungen in Formen, die abhängig sind von den genauen, durch die natürliche Beschaffenheit des Materials bedingten Gesetze, geschaffen in der Absicht, der Gesellschaft zu dienen.

Nach einem in der Zeitschrift G, Berlin, erschienenen Artikel ● Deutsche Bearbeitung von I. T.

Die heutige Kultur ist eine STÄDTISCHE Kultur. Sinn und Geist des Stadtmenschen, ob Arbeiter oder Chef, sind streng unterschieden von denen des Stadtbewohners der vormaschinellen Zeit ● OZENFANT-JEANNERET

Herbert Bayer 1923: Zeitungsanzeige

Die alte Kunst schuf Bilder, um die Räume zu schmücken, in denen man sie ungestört betrachtete. Diese Bilder stellen die Psychologie des geniessenden Bürgers dar. Die neue Kunst war durch die Auswahl ihrer Materialien (Stahl, Gips, Glas usw.) gezwungen, zu einer gleichsam mechanischen Technik, ähnlich der industriellen Technik, zu gelangen. DIE NEUE KUNST SCHAFFT NICHT BILDER, SONDERN GEGENSTÄNDE, materielle Objekte. Sie entspringt der Psychologie des Werktätigen, des Proletariers ●

Herbert Bayer: Typosignet für einen Glasmaler

ZU DEN AUFSÄTZEN UND BEISPIELEN

Das vorliegende Heft war ursprünglich als Bauhausheft gedacht. Das Bauhaus ist aber nur *ein* Stützpunkt der Kampflinie für die Neue Kultur. Die Ideen, für die das Bauhaus in Dessau (früher Weimar) eintritt, werden außer vom Bauhaus noch von einer ganzen Reihe nicht dem Bauhaus angehörender Künstler, Wissenschaftler, Techniker auf der ganzen Welt, bis jetzt hauptsächlich in Europa und Amerika, verfochten. Daher war es notwendig, daß sich das geplante Heft nicht auf die schon im BAUHAUSE geleistete typographische Arbeit beschränkte, sondern die Arbeit in ALLEN Ländern, die auf diesem Gebiet Vertreter aufzuweisen haben, berücksichtigte. Vor allem ist Rußland hier zu nennen, dessen Vertreter El Lissitzky, Typ des neuen Gestalters, zu den besten Vertretern der Neuen Typographie zählt. Schließlich sollte der irreführende und von Mitläufern in Verruf gebrachte Name »Konstruktivismus« vermieden werden. Alle diese Erwägungen führten am Ende zur Wahl des Titels »Elementare Typographie«, der auch den Sinn unsrer Arbeit wirklich trifft. Zu den Aufsätzen ist kurz zu bemerken, daß die Artikel »Programm der Konstruktivisten« und »Elementare Gesichtspunkte« von Altman, vom Herausgeber bearbeitet sind. Zum Teil enthielten die Originale viele Fremdwörter, die eine Bearbeitung für deutsche Leser notwendig machten (Altman), zum Teil mußte der Aufbau abgeändert werden (Programm der Konstruktivisten). *Altman* gehört zu den besten Vertretern der neuen russischen Kunst. Er betätigte sich nicht allein auf den Gebieten der Malerei und Plastik, sondern auch mit großem Erfolg auf denen der Bühnenkonstruktion und der dekorativen Architektonik von Meetings in Moskau. *Moholy-Nagy* ist Meister am Dessauer Bauhaus. Er entstammt der ungarischen Aktivisten-Gruppe Ma (=Heute).

Den meisten Lesern wird vielleicht nicht alles in diesem Heft Gezeigte ohne Erklärung verständlich sein. Darum sei im nachstehenden versucht, kurze Erläuterungen zu den einzelnen Arbeiten zu geben. – Eine exakte Aufeinanderfolge der Arbeiten des einzelnen Künstlers und entsprechend manchen Artikeln war aus technischen Gründen leider nicht völlig durchzuführen.

Auf Seite **193** ist ein Typosignet von *Kurt Schwitters* (aus dem Merz-Heft Ty-Re) gezeigt. Ein Typosignet ist ein Signet, das sich ohne Mühe mit rein typographischen, in jeder Druckerei vorhandenen Mitteln nachsetzen, verkleinern und vergrößern läßt. (Ein andres Typosignet, von Herbert Bayer, befindet sich auf dieser Seite.) Für einen schöpferisch veranlagten Setzer bieten sich auf diesem Felde große Möglichkeiten. Es folgen einige Arbeiten von *El Lissitzky*, der als Führer der Neuen Typographie an den Anfang des Heftes gestellt ist. Auf den Seiten **194** und **195** befinden sich die Abbildungen der Mär von zwei Quadraten; eine Übersetzung hiervon ist oben auf Seite 194 gegeben. In diesem Buche entspricht Stellung und Formwert des einzelnen Buchstabens und des Wortes den Zug- und

Johannes Molzahn 1923: Postkarte

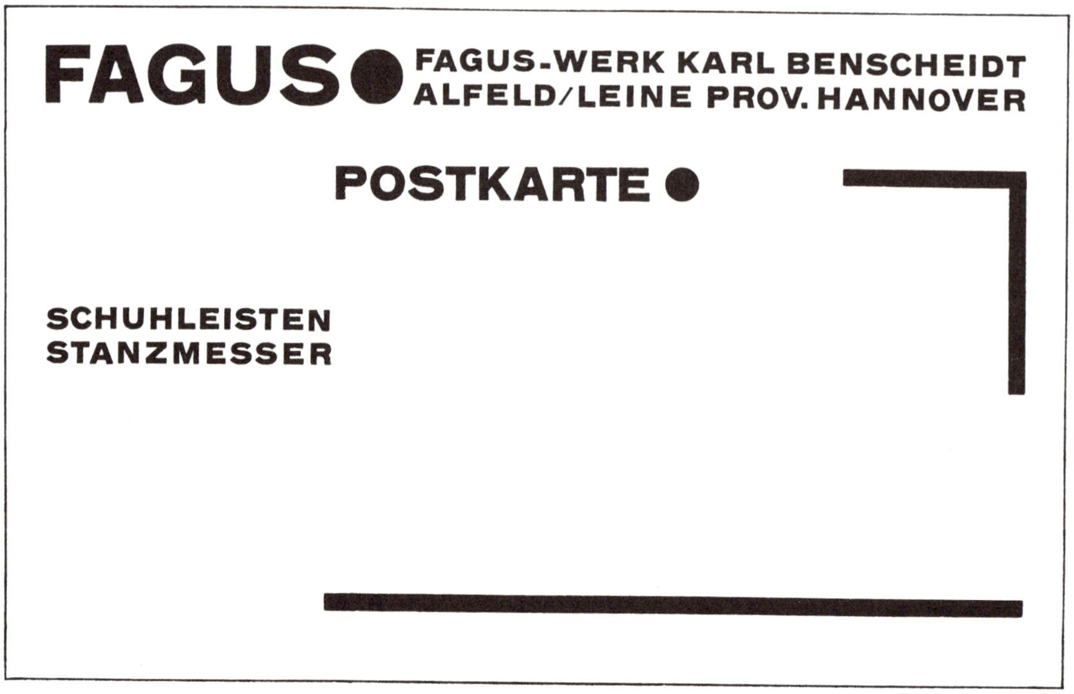